DAS ELEMENT HAFNIUM

VON

GEORG v. HEVESY

MIT 23 ABBILDUNGEN

BERLIN
VERLAG VON JULIUS SPRINGER
1927

ISBN 978-3-642-51255-1   ISBN 978-3-642-51374-9 (eBook)
DOI 10.1007/978-3-642-51374-9

ALLE RECHTE, INSBESONDERE DAS DER ÜBERSETZUNG
IN FREMDE SPRACHEN, VORBEHALTEN.
COPYRIGHT 1927 BY JULIUS SPRINGER IN BERLIN.

Vorwort.

Die vorliegende Monographie enthält eine Zusammenfassung unserer derzeitigen Kenntnisse über die Eigenschaften und das Vorkommen des Hafniums.

Kopenhagen, im September 1926.

G. v. Hevesy.

Inhaltsverzeichnis.
Seite

I. Entdeckung des Elements 1
Die röntgenspektroskopische Untersuchung 3
II. Die Trennung des Hafniums vom Zirkonium . . . 4
   A. Krystallisationsmethoden 4
      Krystallisation der Doppelfluoride. — Krystallisation des Oxychlorids. — Krystallisation der Doppelsulfate des Ammoniums und Kaliums. — Krystallisation der Doppeloxalate des Ammoniums und Kaliums sowie des komplexen Oxalats.
   B. Fällungsmethoden 7
      Fällung von Phosphaten und komplexen Phosphaten. — Fällung mit Basen. — Fraktionierung durch Hydrolyse. — Fällung mit Wasserstoffsuperoxyd. — Fällung mit organischen Säuren.
   C. Trennung durch partielle Zersetzung und durch Destillation 11
      Zersetzung des Sulfats. — Zersetzung der Ammoniumdoppelfluoride. — Sublimation und Destillation der Chloride.
   D. Weitere Trennungsmethoden 12
      Diffusion und Ionenbeweglichkeit.
III. Die Eigenschaften des Hafniums 14
   1. Das Atomgewicht 14
   2. Das Metall 15
   3. Das Oxyd 16
   4. Die Doppelfluoride 17
      Krystallstruktur d. Ammoniumdoppelfluorides. — Löslichkeit der Ammoniumdoppelfluoride. — Löslichkeit der Kaliumdoppelfluoride. — Brechungsindex der Doppelfluoride.
   5. Das Oxychlorid 21
      Löslichkeit. — Brechungsindex.
   6. Das Phosphat 22
   7. Das Acetylacetonat 24
      Dichte. — Schmelzpunkt. — Sublimationstemperatur. — Löslichkeit. — Krystallstruktur.
   8. Das Röntgenspektrum 24
   9. Das optische Spektrum 26
IV. Die analytische Chemie des Hafniums 34
   1. Analyse des Bromids 34
   2. Analyse der Ammoniumdoppelfluoride 34
   3. Analyse durch Dichtebestimmung 35
   4. Röntgenspektroskopische Analyse 35
V. Vorkommen und Häufigkeit des Hafniums . . . 37
VI. Hafniumgehalt der Zirkoniumpräparate und Atomgewicht des Zirkoniums 40
VII. Die außerordentliche Ähnlichkeit zwischen Zirkonium und Hafnium und ihre Erklärung 42
   1. Vergleich der Ähnlichkeit zwischen Zirkonium und Hafnium mit der anderer Elementenpaare 42
   2. Vergleich der Eigenschaften des Hafniums mit denen der übrigen Elemente der fünften Periode 44
   3. Erklärung d. großen Ähnlichkeit zwischen Hafnium u. Zirkonium 45
Sachverzeichnis 48

I. Die Entdeckung des Elements.

Niob hat seinen Doppelgänger im Tantal, Molybdän im Wolfram, sollte sich kein Doppelgänger des Zirkoniums finden? Vor wenigen Jahren wäre es noch nahegelegen, auf diese Frage die Antwort zu erteilen, daß der Doppelgänger des Zirkoniums eben das vierwertige Cerium sei. Nun ähnelt zwar das Cerium, welche seiner Eigenschaften man auch in Betracht zieht, dem Zirkonium bei weitem nicht in dem Maße wie das Tantal dem Niob, doch war das eigenartige chemische Verhalten des Ceriums, sowie die Unklarheit die über die Natur und die Ausdehnung der Gruppe der seltenen Erdelemente herrschte, einer solchen Beantwortung der gestellten Frage durchaus günstig.

An experimentellen Befunden, die im Zirkonium das Vorhandensein von neuen Elementen feststellen zu können glaubten, hat es nicht gefehlt; so kündigte SJÖGREN die Entdeckung des ,,Noriums", SORBY die des ,,Jargoniums", CHURCH die des ,,Nigriums" an usw.[1]). Für diese irrtümlichen Feststellungen, die übrigens mit der obigen Fragestellung nicht in Zusammenhang gebracht worden sind, war zum Teil das wenig übersichtliche chemische Verhalten des Zirkoniums verantwortlich, zum Teil das komplizierte, damals noch wenig erforschte optische Spektrum des Elementes. Auf die Existenz eines höheren Homologen des Zirkoniums auf Grund theoretischer Erwägungen, d. h. im Zusammenhange mit dem periodischen System der Elemente, hat zuerst JULIUS THOMSEN[2]) hingewiesen. In der langperiodigen Tabelle WERNERS[3]) ist unter dem Zirkonium ein leerer Platz für ein unbekanntes Element vorbehalten. Später haben auch RYDBERG[4])

---

[1]) Eine ausführliche Besprechung dieser Untersuchungen findet man bei G. v. HEVESY, Kopenhagen, Akad. Ber. VI, 7. 1925.
[2]) THOMSEN, J.: Zeitschr. f. anorg. Chem. Bd. 9, S. 190. 1895.
[3]) WERNER, A.: Ber. d. dtsch. chem. Ges. Bd. 38, S. 914. 1905.
[4]) RYDBERG, W.: Lunds Univ. Aarsskrift Bd. 9, Nr. 18. 1913.

sowie Kossel[1]) und Bury[2]) dem dem Tantal vorangehenden Elemente eine normale Vierwertigkeit im Gegensatz zu den sonstigen seltenen Erden zugeschrieben. Zum selben Ergebnis gelangte Bohr (1922) bei der Deutung des periodischen Systems im Sinne der Quantentheorie des Atombaues. Im Rahmen der letzteren fanden die sog. ,,Zwischenschalen-"Elemente eine eindeutige Erklärung, es wurde von der Theorie gezeigt, daß das Auftreten der letzteren tief im Wesen des periodischen Systems begründet ist und, was für unser Problem von besonderer Bedeutung ist, daß die ,,Zwischenschale" der seltenen Erden bis zu 14 Elektronen enthält. Daraus folgt, daß die dem Lanthan folgende Gruppe der dreiwertigen seltenen Erden aus 14 Elementen besteht und daß das 15. Element, das Element 72, bereits ein vierwertiges Titanhomolog sein muß. Wie Coster und der Verfasser sich die Aufgabe gestellt haben, nach dem unbekannten Titanhomolog zu suchen, taten sie dies, angeregt von der Aussage der Bohrschen Theorie und im vollen Zutrauen zu der letzteren. Allerdings ließ die Theorie die Frage offen, ob das fehlende Element dem Zirkonium oder dem Thorium näher steht. Hier mußten geochemische Überlegungen eingreifen, ebenso wie auch bei der Erwägung, ob das fehlende Element genügend häufig sei, um es in Mineralien nachweisen zu können. Da im Mineralreich das Tantal das Niob, Wolfram das Molybdän begleitet, so schien es uns angebracht zu sein, das Element nicht in Thoriummineralien, sondern in Zirkonmineralien zu suchen. Endlich schien, was die Frage der Häufigkeit betrifft, die große Häufigkeit des Zirkoniums und zum Teil auch die des Thoriums unserer Untersuchung günstig zu sein.

Bevor wir zur Besprechung der Entdeckung des Elementes übergehen, wollen wir nochmals kurz auf die Bohrsche Theorie eingehen. Gehen wir von einem Element des periodischen Systems zum rechten Nachbarelement über, so nimmt die Zahl der Elektronen im Atom um 1 zu, das hinzukommende Elektron wird in einer außenliegenden Elektronengruppe angebracht und wird somit zum Valenzelektron. Eine Ausnahme machen die Gruppen der Triaden und der seltenen Erden: Nach dem dreiwertigen Lanthan wird nämlich das neu hinzukommende Elektron nicht außen, sondern in einer inneren vierquantigen Bahn oder, falls

---

[1]) Kossel, W.: Ann. d. Phys. Bd. 49, S. 247. 1916.
[2]) Bury, C. R.: Journ. of the Americ. chem. soc. Bd. 43, S. 1602. 1921.

man sich der Terminologie der Röntgenspektroskopie bedient, im N-Niveau, angelagert. Diese Art der Anlagerung erfolgt so lange, bis das N-Niveau besetzt ist, bis es 32 Elektronen enthält, die größte Elektronenzahl, die in einer Gruppe überhaupt angetroffen wird. Im Lanthan-Atom sind bereits 18 Elektronen im N-Niveau vorhanden, es sind demnach nur noch 14 Plätze zu besetzen, somit muß das Auffüllen der N-Gruppe mit dem Element 71 aufhören und das im Falle des Elementes 72 angelagerte Elektron bereits einer äußeren Gruppe angelagert werden. Das Element 71 ist somit die letzte „seltene Erde"[1]), das Element 72 hat bereits 4 Valenzelektronen und ist somit analog dem Titan, Zirkonium und Thorium gebaut.

Die röntgenspektroskopische Untersuchung.

Bereits im ersten untersuchten Mineral, einem Zirkon aus Norwegen, konnte die röntgenspektroskopische Untersuchung das Auftreten einer das gesuchte Element charakterisierenden Linie feststellen (vgl. Abb. 10). Die Untersuchung wurde dann in drei Richtungen fortgesetzt: Es wurde versucht, alle übrigen Linien des L-Spektrums aufzufinden, das Auftreten der beobachteten Linie in anderen Zirkonmineralien und Präparaten nachzuweisen und endlich durch eine chemische Behandlung des Minerals die beobachteten Linien zu entfernen bzw. in anderen Fraktionen intensiver vorzufinden (vgl. Abb. 11). Nachdem diese Bestrebungen erfolgreich gewesen waren und in der fraktionierten Krystallisation der Kaliumdoppelfluoride eine Methode gefunden worden war, welche die Trennung des Hafniums vom Zirkonium — das es, wie schon die einleitenden Versuche gezeigt hatten, stets begleitet — ermöglichte, haben COSTER und der Verfasser die Entdeckung des Elementes angekündigt und für dieses den Namen Hafnium (Hf) vorgeschlagen[2]).

---

[1]) Die Atomtheoretiker verstehen unter seltenen Erden die mit dem Cerium beginnende, mit dem Cassiopeium endende Reihe, während der Chemiker auch das Scandium, Yttrium, Lanthan und Actinium hierher zählt.

[2]) Nature Bd. 111, S. 79, 20. I. 1923. Auf den Prioritätsstreit, der dieser Ankündigung gefolgt ist, soll in dieser Monographie nicht eingegangen werden, diese Frage findet sich in der Abhandlung von HEVESY, Kopenhagener Akademie-Ber. VI, S. 1—147 ausführlich behandelt; vgl. ferner F. PANETH, Ergebnisse der exakten Naturwissenschaften II, Berlin 1924 und den Bericht der deutschen Atomgewichtskommission für 1924.

II. Die Trennung des Hafniums vom Zirkonium.
A. Krystallisationsmethoden.
1. Krystallisation der Doppelfluoride.

Die erste partielle Trennung des Hafniums vom Zirkonium wurde von COSTER und dem Verfasser durch Schmelzen des Minerals Zirkon mit Kaliumbifluorid und durch Krystallisation des beim Ausziehen mit flußsäurehaltigem Wasser gewonnenen Aufschlusses ausgeführt, wobei sich das Hafnium in der Mutterlauge anreicherte. Die Hafniumpräparate, die zu den ersten Bestimmungen des optischen Spektrums verwendet worden sind, stellten wir gleichfalls nach dieser Methode dar, wobei zum Teil käufliches Zirkonoxyd als Ausgangsmaterial diente. Da das Kaliumdoppelfluorid des Zirkoniums in der Kälte nur mäßig löslich ist, gingen wir später zur Krystallisation des etwa zehnmal löslicheren Ammoniumdoppelsalzes über. Zunächst ergab sich auch bei dieser Krystallisation eine baldige Anreicherung des Hafniums in der Mutterlauge, aber bei einer Wiederholung der Krystallisation des durch Schmelzen mit Ammoniumbifluorid erhaltenen Aufschlusses führte eine längere Zeit durchgeführte fraktionierte Krystallisation zu keiner nennenswerten Trennung. Es zeigte sich bald, daß dieses Versagen der Methode dem Umstand zuzuschreiben war, daß wir das Ammoniumzirkonheptafluorid $(NH_4)_3ZrF_7$ statt des Ammoniumzirkoniumhexafluorids $(NH_4)_2ZrF_6$ krystallisiert hatten, und daß sich das erstere zur Trennung des Zr vom Hf nicht eignet (vgl. S. 12). Das Ammoniumzirkoniumhexafluorid stellt man am zweckmäßigsten durch Lösen des Oxyds oder Hydroxyds des Zirkoniums in Flußsäure und durch Zusatz der stöchiometrischen Menge von Ammoniak oder Ammoniumfluorid dar. Die Verbindung krystallisiert sehr schön in langen, monoklinen Nadeln und eignet sich sehr gut zu einer fraktionierten Krystallisation. Die Krystallisation kann in Porzellangefäßen ausgeführt werden, doch bildet sich allmählich etwas basisches Salz, und um dessen Bildung zu vermeiden, führt man die Krystallisation zweckmäßiger in Bleigefäßen unter Zusatz von etwas Flußsäure aus. Die Ausführung der fraktionierten Krystallisation erfolgt in der bekannten, von AUER VON WELSBACH angegebenen Weise, der diese Methode zur Trennung der seltenen Erden eingeführt hat[1]).

---
[1]) Vgl. z. B. R. J. MEYERS Beitrag zu ABEGGS Handbuch Bd. III, 1, S. 227.

Krystallisationsmethoden.

Die Zunahme des Hafniumgehaltes bei der Krystallisation des Ammoniumhexafluorids ersieht man aus der Abb. 1. Das Ergebnis zweier verschiedener Krystallisationen ist angeführt, die schwarzen Kreise beziehen sich auf die erste, die weißen Kreise auf die zweite Versuchsreihe. Als Abscisse sind die verschiedenen Fraktionen, als Ordinate die Hafniumgehalte (Prozente HfO_2 im $ZrO_2 + HfO_2$) angeführt. Bei der ersten Versuchsreihe gingen wir von 4,5 kg Salz aus, das einen Hafniumgehalt von 5% hatte. Wie man aus der Kurve sieht, enthielt die Kopffraktion im ersten Falle nur 0,4, im zweiten 0,7 $\%$ Hafnium.

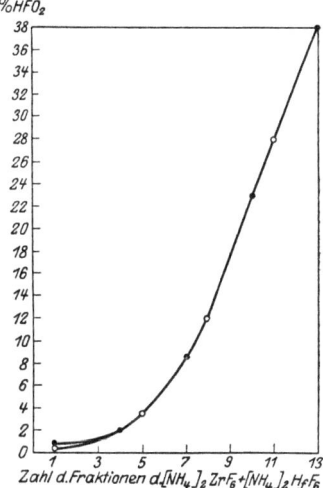

Abb. 1. Krystallisation des Ammoniumsalzes.

In dem durch die Kurven dargestellten Versuchsgebiete wurden im ersten Versuch 2,64 kg, im zweiten 1,60 kg Salz, dessen Hafniumgehalt stets unter $1/2 \%$ lag, aus dem Gang der Krystallisation entfernt. Die Anzahl der erforderlichen Krystallisationen wird im wesentlichen dadurch bestimmt, wie man die zulässige obere Grenze des Hafniumgehaltes der ausgeschiedenen Kopffraktionen festlegt.

Nach der Entfernung von gegen 90% des Ausgangsmaterials schrumpfen die Fraktionen stark ein, das Arbeiten mit dem sehr leicht löslichen Ammonsalz, das zu Beginn sich so vorteilhaft zeigte, wirkt jetzt eher störend, und man hat jetzt allen Grund, zu dem schwerer löslichen Kaliumsalz überzugehen. Die Zunahme des Hafniumgehaltes bei der Krystallisation des Kaliumsalzes zeigt Abb. 2. Auf die Abscisse sind hier die der Reihe nach ausgeschiedenen Kopffraktionen auf der Ordinate die Hafniumgehalte aufgetragen.

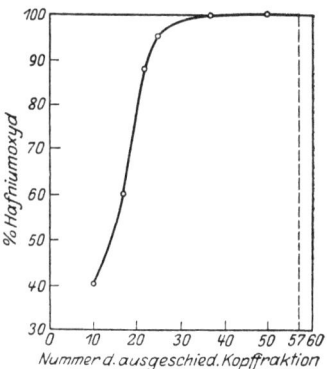

Abb. 2. Krystallisation des Kaliumhexafluorids.

6 Die Trennung des Hafniums vom Zirkonium.

Unsere Versuche[1]), das Hafnium vom Zirkonium durch Krystallisation der Ammoniumdoppelfluoride zu trennen, haben DE BOER und VAN ARKEL[2]) wiederholt, sie haben 23 Krystallisationsreihen ausgeführt und gelangten so zu einer Mutterlauge, die 50% Hafnium enthielt. Als Ausgangsmaterial diente, ebenso wie bei einem Teile unserer Versuche, das Mineral Alvit. Wir haben auch aus Malakon, sowie aus indischem Zirkonsand gewonnenes Zirkonoxyd nach diesem Verfahren aufgearbeitet. VAN ARKEL und DE BOER[3]) haben ferner eine Trennung durch Krystallisation einer Fluorphosphatozirkonsäure sowie deren Ammonium- und Kaliumsalz ausgeführt. Die komplexe Fluorphosphatozirkonsäure, deren Zusammensetzung noch nicht bekannt ist, wird erhalten, wenn das Zirkonphosphat in Flußsäure gelöst wird (vgl. S. 6). Bei dieser Methode wird im Gegensatze zu der oben besprochenen Krystallisation eine Anreicherung des Hafniums in den Kopffraktionen erzielt.

2. Die Krystallisation des Oxychlorids[4]). Eine Trennung des Hafniums vom Zirkonium erreicht man bei der Krystallisation des Oxychlorids aus konzentrierter Salzsäure. Das Hafnium reichert sich dabei in der Kopffraktion an. Daß mit dieser Anreicherung eine Reinigung des Hafniums und Zirkoniums von vorhandenen Verunreinigungen Hand in Hand geht, ist ein nicht unbedeutender Vorteil dieser Methode. Allerdings gelingt die Trennung nur bei Krystallisation aus konzentrierter Säure, wie das sowohl aus den Trennungsversuchen wie aus den später ermittelten Löslichkeitsdaten (vgl. S. 22) hervorgeht, was ein großer Nachteil dieses im übrigen günstigen Verfahrens ist.

3. Krystallisation der Doppelsulfate des Ammoniums und Kaliums[5]). Man krystallisiert die Verbindung $(NH_4)_4 [Zr(SO_4)_4]$,

---

[1]) HEVESY und JANTZEN, Chem. News Bd. 127, S. 353. 1923. HEVESY und MADSEN, Zeitschr. f. angew. Chem. Bd. 38, S. 228. 1925; PHILIPS Glühlampenfabriken, Engl. Pat. 220.358, Erfinder: COSTER und HEVESY.

[2]) DE BOER und VAN ARKEL, Zeitschr. f. anorg. Chem. Bd. 141, S. 289. 1924.

[3]) VAN ARKEL und DE BOER, Zeitschr. f. anorg. Chem. Bd. 144, S. 196. 1925. PHILIPS Glühlampenfabriken Fr. Pat. 598.606, Erfinder: VAN ARKEL und DE BOER.

[4]) HEVESY, Kopenhagener Akad. l. c. S. 105; PHILIPS Glühlampenfabriken, Engl. Pat. 19. 188, Erfinder: COSTER und HEVESY.

[5]) HEVESY: Kopenhagener Akad. l. c. S. 101; PHILIPS Glühlampenfabriken, Engl. Pat. 219.24, Erfinder: COSTER und HEVESY; vgl. auch MARQUIS, URBAIN und URBAIN: Cpt. rend. hebdom. des séances de l'acad. des sciences Bd. 180, S. 1377. 1925.

5 H_2O aus einer mit Eis gekühlten Lösung, die mit Rücksicht auf die Tendenz der Verbindung zu hydrolysieren nicht über 40° erwärmt wird. Man erreicht eine schwache Anreicherung des Hafniums in der Mutterlauge. Dasselbe Resultat liefert die fraktionierte Krystallisation des $K_4[Zr(SO_4)_4]\cdot nH_2O$ (wo n = 2 bis 7). Nach wiederholter Krystallisation macht sich auch hier immer mehr eine Hydrolyse bemerkbar, und die Verbindung geht allmählich in eine von der Formel $K_2[Zr_4(OH)_8(SO_4)_5]$ über, in ein Salz der Zirkonschwefelsäure[1]).

4. Krystallisation der Doppeloxalate des Ammoniums und Kaliums, sowie des komplexen Oxalats[2]). Ebenso wie bei der Krystallisation der Doppelsulfate, wird auch bei der der Doppeloxalate nur eine geringe Verschiebung der Hafniumkonzentration des Zirkoniums erreicht, wobei sich das erstgenannte Element in der Mutterlauge anreichert. Eine wesentlichere Anreicherung des Hafniums nach dieser Methode ist aber auch nach einer sehr weitgehenden Krystallisation, die sich im Falle des Kaliumsalzes auf einige Hunderte Einzeloperationen erstreckte, nicht gelungen. Das komplexe Zirkonoxalat stellten wir durch Sättigung einer heißen Lösung von Oxalsäure mit $Zr(OH)_4$ dar. Beim Erkalten im Exsiccator schieden sich aus der Lösung verschiedene Fraktionen aus, die in Oxyd übergeführt und auf ihren Hafniumgehalt untersucht worden sind. Es konnte nur eine ganz geringe Anreicherung des Hafniums in den ersten und eine entsprechende Verarmung in den letzten Fraktionen festgestellt werden. Jedenfalls findet bei der üblichen Abscheidung des Zirkons als Oxalat keine nennenswerte Trennung des Zirkoniums von Hafnium statt. Man versteht somit, daß die wiederholten älteren Versuche, mit der Hilfe von Oxalatfällungen im Zirkonium neue Elemente zu entdecken, zu keinem Erfolg führen konnten.

B. Fällungsmethoden.

1. Fällung von Phosphaten und komplexen Phosphaten. Die ersten Trennungsversuche durch fraktionierte Fällung, die COSTER und der Verfasser ganz kurz nach der Entdeckung des Hafniums

---

[1]) HAUSER O. u. H. HERZFELD: Zeitschr. f. anorg. Chem. Bd. 106, S. 8. 1919.
[2]) HEVESY: Kopenhagener Akad. l. c. S. 100; PHILIPS Glühlampenfabriken, Engl. Pat. 220.936, Erfinder: COSTER und HEVESY.

unternommen haben, betrafen die Fällung des Phosphates aus konzentrierter Salpetersäure[1]). Das Ergebnis dieser Versuche zeigt Abb. 3. Man sieht, daß, während die erste Fraktion einen nicht unbedeutenden Hafniuminhalt aufweist, die achte Fraktion bereits fast frei von Hafnium ist. Es muß demnach ein nicht unbeträchtlicher Löslichkeitsunterschied zwischen den beiden Phosphaten in konzentrierten Säuren bestehen, wie wir das auch später durch Löslichkeitsbestimmungen bestätigen konnten (vgl. S. 22). Mit Rücksicht auf die umständliche Umwandlung des Phosphates in eine lösliche Verbindung haben wir diese Methode der Hafniumdarstellung nicht weiter verfolgt. Die Entdeckung von DE BOER und VAN ARKEL[2]), wonach die Phosphate in Flußsäure, Oxalsäure usw. löslich sind und die so erhaltenen komplexen Phosphate beim Hineingießen in konzentrierte Alkalilauge in das Hydroxyd übergehen, veranlaßte die genannten Forscher, die verschiedene Löslichkeit der komplexen Phosphate zur Trennung des Hafniums vom Zirkonium heranzuziehen. Wir folgen im folgenden der Beschreibung DE BOERS, nach dessen Angaben sich die fraktionierte Fällung der Phosphate aus oxalsaurer Lösung zur Trennung des Hafniums vom Zirkonium gut eignet. Als Ausgangsmaterial diente ein Zirkonphosphat mit einem Hafniumgehalt von 2%. ,,Das Phosphat wurde in feuchtem Zustande direkt verarbeitet, und zwar in verschiedener Weise. Die größere Menge wurde einfach mit so wenig Oxalsäure ausgesogen, daß sich nicht alles lösen konnte. Zu diesem Zweck wurde jedesmal 75 cdm nasses Phosphat (übereinstimmend mit ungefähr 7 kg ZrP_2O_7) versetzt mit 45 Liter heißem Wasser und $4^1/_2$ kg Oxalsäure; die

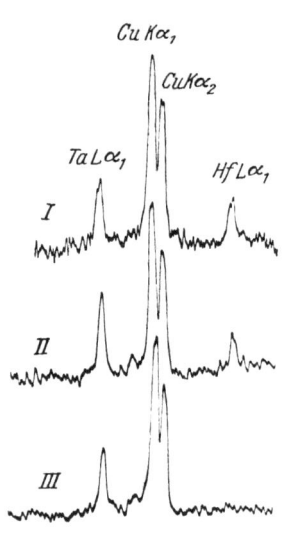

Abb. 3. Photometerkurven von sukcessiven Phosphatfraktionen.

---

[1]) HEVESY: Ber. d. dtsch. chem. Ges. Bd. 56, S. 1503. 1923.
[2]) DE BOER und VAN ARKEL: Zeitschr. f. anorg. Chem. Bd. 148, S. 84. 1925; Bd. 150, S. 210. 1925; PHILIPS Glühlampenfabriken D. R. P. 421.845. Erfinder: DE BOER, Fr. Pat. 600.122. Erfinder: DE BOER.

Fällungsmethoden. 9

ganze Masse wurde tüchtig mittels eines Rührwerkes gemischt und nach vollständigem Abkühlen sich selbst überlassen. Die Lösung wurde mit einem Heber abgenommen und der ungelöst gebliebene Rest auf einem Nutschenfilter abgesogen. Diese Fraktion (B_1 genannt) enthielt 3 bis 4% Hf. Mittels Salzsäure wurde aus der Lösung Fraktion B_2 niedergeschlagen, welche sehr hafniumarm war."

„Einige Partien des ursprünglichen Phosphates wurden in kalt gesättigter Oxalsäurelösung gelöst (je 40 cdm in 100 Liter), worauf mittels Salzsäure (jedesmal 20 Liter) die erste Fraktion B_1 niedergeschlagen wurde."

„Die ganze Fraktion B_1 wurde nach der ersten Vorschrift wieder mit Oxalsäurelösung ausgezogen; der ungelöste Teil wurde C_1 genannt. Aus den Mutterlaugen wurde mittels Salzsäure C_2 und aus den daraus erhaltenen Mutterlaugen C_3 niedergeschlagen. Während bei dem Übergang A nach B_1 eine erhebliche Zunahme des Hafniumgehaltes stattgefunden hatte, war bei der Fraktionierung von B_1 nach C_1 dies nicht der Fall, C_1 hatte nur 4% Hf. Die mittels Salzsäure präzipitierte Fraktion C_2 hatte aber 5% Hf, C_3 enthielt 2% Hf."

„Die Ursache für das Abnehmen des Hafniumgehaltes in den ersten Fraktionen ist eine weitgehende Hydrolyse. Das Hydrolysenprodukt scheidet sich aus und löst sich nicht oder nur schwierig in Oxalsäure. Die ersten Fraktionen bestehen also aus einem angereicherten Phosphatteil und einem hafniumarmen, durch Hydrolyse entstehenden Teil. Die Abnahme des Hafniumgehaltes in den ersten Fraktionen ist also nur scheinbar, der Gehalt des Phosphatteiles steigt, die relative Menge aber nimmt stark ab, wodurch sich der Gesamthafniumgehalt immer mehr dem des unlöslichen Teiles nähert, ungefähr 1%."

„Es war also zu erwarten, daß man bei weiterem Ausziehen von D_1 eine Fraktion E_1 zurückhalten würde mit niedrigerem Gesamthafniumgehalt, während die mittels Salzsäure aus den Oxalsäurelösungen niedergeschlagene Fraktion E_2 ziemlich reich sein sollte. Dies wurde vollkommen bestätigt: E_1 hatte 1%, E_2 10% Hf." 26 Fraktionierungen sind ausgeführt worden, und eine der besten Fraktionen, die analysiert wurde, zeigte einen Hf-Gehalt von 96,5%.

2. Fällung mit Basen[1]). Bei der partiellen Fällung von Zirkonsalzlösungen mit Ammoniak oder anderen Basen sind die

---

[1]) HEVESY: Kopenhagener Akad. l. c. S. 106; PHILIPS Glühlampenfabriken Engl. Pat. 220.359, Erfinder: COSTER und HEVESY.

10 Die Trennung des Hafniums vom Zirkonium.

ersten Fraktionen ärmer an Hafnium als die letzteren. Die Größe der dabei erzielten Trennung geht aus dem folgenden Beispiel hervor. Man löst 4 g $ZrOCl_2 + 8\ H_2O$, die 2% $HfOCl_2 + 8\ H_2O$ enthalten, in 500 ccm Eiswasser und setzt tropfenweise 120 ccm einer $^1/_4$ proz. Ammoniaklösung zu, worauf sich nach einiger Zeit ein Niederschlag von 350 mg abscheidet. Nach dem Zusatz von weiteren 50 ccm Ammoniaklösung wird ein Niederschlag von 650 mg gesammelt[1]). Der Hafniumgehalt der zweiten und der ersten Fraktion verhält sich wie 1,8 : 1. Ähnliche Resultate ergab die partielle Fällung mit Alkalilaugen, mit organischen Basen wie Anilin usw.

3. Fraktionierung durch Hydrolyse[2]). Ähnliche Resultate wie durch alkalische Fällung erzielt man durch Kochen der Zirkonsalzlösung mit Thiosulfat, wobei sich zuerst an Hafnium ärmere Fraktionen abscheiden. Bei der Hydrolyse von Sulfatlösungen scheiden sich basische Sulfate aus, wobei das Zirkonium von vorhandenen Verunreinigungen, wie Eisen, Titan usw. getrennt wird, die dabei erfolgende Trennung des Zirkoniums vom Hafnium ist dagegen nur ganz minimal.

Bei Versetzung einer alkoholischen Lösung des Zirkonoxychlorids mit Äther, Aceton oder ähnlichen organischen Verbindungen erhält man ein basisches Chlorid. Bei der fraktionierten Fällung des letzteren reichert sich das Hafnium in den letzten Fraktionen an. Dialysiert man die Lösung z. B. von Zirkoniumnitrat, so reichert sich das Hafnium, wegen seiner etwas geringeren Tendenz zu hydrolysieren, im Dialysat schwach an.

4. Fällung mit Wasserstoffsuperoxyd[3]). Folgendes Beispiel zeigt die Größe des Trennungseffektes bei der partiellen Fällung mit Wasserstoffsuperoxyd. Man löst 10 g $Zr(SO_4)_2$, die 1,5% $Hf(SO_4)_2$ enthalten, in 300 ccm Eiswasser, setzt 20 ccm 30 proz. Wasserstoffsuperoxyd sowie 60 g in 250 ccm Wasser gelöstes NaOH zur Sulfatlösung. Erwärmt man jetzt die Lösung auf 50°, so entsteht ein Niederschlag, beim Stehenlassen des Filtrates durch 24 Stunden ein zweiter Niederschlag. Der zweite

---

[1]) Daß die Ausfällung der ersten Fraktion mehr Ammoniak als die der zweiten fordert, erklärt sich durch die Hydrolyse der Oxychloridlösung.
[2]) HEVESY: Kopenhagener Akad. l. c. S. 110; PHILIPS Glühlampenfabriken Engl. Pat. 219.024, Erfinder: COSTER und HEVESY.
[3]) Vgl. HEVESY: Kopenhagener Akad. l. c. S. 114.

Niederschlag enthält anderthalbmal so viel Hafnium als der erste, es zeigt sich somit das Hafniumhydratperoxyd stabiler als die korrespondierende Zirkonverbindung.

5. Fällung mit organischen Säuren. Beim Zusatz von Benzoesäure zu einer Zirkonsalzlösung fallen zuerst an Hafnium ärmere Fraktionen aus. Ähnliche Resultate sind auch beim Zusatz von Salicylsäure und Weinsäure erzielt worden[1]). Der Zusatz von Citronensäure zu einer Zirkonnitratlösung ist von DROPHY und DAVEY[2]) zur Reinigung des Zirkoniums von Hafnium benutzt worden. Sie konnten auf diese Weise zu Zirkonfiltern gelangen, die frei von Hafnium waren, dessen Gegenwart den Nutzeffekt der bei Röntgenstrahlenuntersuchungen zu verwendenden Filter herabsetzt.

C. Trennung durch partielle Zersetzung und durch Destillation.

1. Zersetzung des Sulfats[3]). Das Zirkonsulfat beginnt sich oberhalb 400° zu zersetzen, während die Zersetzungstemperatur des Hafniumsulfates höher liegt. Ebenso läßt sich zeigen, daß die bei der Zersetzung zuerst entstehende basische Verbindung in SO_3-Strom im Falle des Hafniumsalzes noch bei höherer Temperatur SO_3 aufzunehmen vermag, als in dem des Zirkonsalzes. Eine weitgehende Trennung nach diesem Verfahren zu erreichen, ist jedoch nicht gelungen.

Erhitzt man ein Gemisch von feinpulverisiertem $Zr(SO_4)_2$ und $BaCl_2$ auf etwa 300°, so findet eine Austauschreaktion zwischen diesen zwei Verbindungen statt, im sublimierten Tetrachlorid findet sich das Zirkonium gegenüber dem Hafnium angereichert.

2. Zersetzung der Ammoniumdoppelfluoride. Beim Erwärmen des $(NH_4)_2ZrF_6$ spaltet sich diese Verbindung unter Abgabe von Ammoniumfluorid, wobei ZrF_4 zurückbleibt. Eine vergleichende, von HARTMANN[4]) ausgeführte Untersuchung ergab, daß die Zersetzungstemperatur der Hafniumverbindung zwar etwas höher liegt als die der Zirkonverbindung, der Unterschied aber zu gering ist, um ihn zu präparativen Zwecken mit Erfolg ausnützen zu können.

---

[1]) HEVESY: Kopenhagener Akad. l. c. S. 115.
[2]) DROPHY, D. H. und W. P. DAVEY: Phys. Rev. 25, S. 882. 1925.
[3]) HEVESY: Chem. and Ind. Bd. 42, S. 929. 1923; PHILIPS Glühlampenfabriken Engl. Pat. 219.024, Erfinder: COSTER und HEVESY.
[4]) HARTMANN, Sv.: Zeitschr. f. anorg. Chem. Bd. 155, S. 357. 1926.

12 Die Trennung des Hafniums vom Zirkonium.

Abb. 7 zeigt die in einem Stickstoffstrom innerhalb 24 Stunden sublimierte NH_4F-Menge als Funktion der Temperatur.

3. Sublimation und Destillation der Chloride. Während die Destillation des bei Ausschluß von Feuchtigkeit stabilen und leicht darstellbaren $ZrCl_4$ nur unter Druck gelingt und die Sublimation nur zu einer mäßigen Trennung der Chloride führt[1], wobei sich das $HfCl_4$ im Rückstande anreichert, kann man, wie VAN ARKEL und DE BOER[2] gezeigt haben, die Verbindung $2\, ZrCl_4 \cdot PCl_5$ und $2\, ZrCl_4 \cdot POCl_3$ bei gewöhnlichem Drucke destillieren. Die Verbindungen werden durch Zusammenschmelzen des Tetrachlorids mit PCl_5 bzw. $POCl_3$ dargestellt, ihr Schmelzpunkt

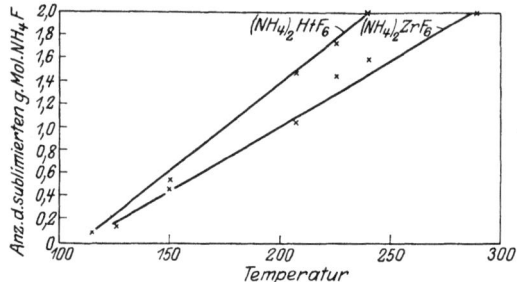

Abb. 4. Thermische Zersetzung der Ammoniumdoppelfluoride.

liegt bei 416° bzw. 363°. Sie geben an, daß, besonders bei Gegenwart eines Überschusses von PCl_5, das Hafnium sich im Destillat anreichert.

D. Weitere Trennungsmethoden.

Diffusion und Ionenbeweglichkeit. Infolge des beträchtlichen Unterschiedes, den das Molekulargewicht des $ZrCl_4$ und $HfCl_4$ aufweist, muß die Diffusionsgeschwindigkeit der Tetrachloriddämpfe ziemlich verschieden sein. Es wurde vorgeschlagen, diesen Unterschied zur Trennung des Hafniums vom Zirkonium heranzuziehen[3]. Es soll der Tetrachloriddampf gegen einen Strom von Tetrachlorkohlenstoff diffundieren, wobei sich das Zirkonchlorid schneller ausbreiten soll als das Hafniumchlorid, oder

---

[1] HEVESY: Kopenhagener Akad. l. c. S. 105.
[2] VAN ARKEL und DE BOER: Zeitschr. f. anorg. Chem. Bd. 144, S. 196. 1925; PHILIPS Glühlampenfabriken, Fr. Pat. 584.373, Erfinder: VAN ARKEL und DE BOER.
[3] Patentanmeldung der SIEMENS & HALSKE A.G. 1924.

aber soll die Diffusion durch ein poröses Porzellanrohr geleitet werden, das von einem Mantel umgeben ist, durch welchen Tetrachlorkohlenstoff strömt. Ähnliche Methoden sind bekanntlich zur Trennung von Isotopen in Vorschlag gebracht worden.

KENDALL und seine Mitarbeiter[1]) haben gezeigt, daß man zwei Ionen, deren Beweglichkeit sich um mehr als 1,5 °/₀ unterscheidet, durch eine von ihnen ausgearbeitete Wanderungsmethode noch weitgehend trennen kann. KENDALL und WEST[2]) versuchen nun auch eine Trennung des Hafniums vom Zirkonium nach dieser Methode vorzunehmen. Die Wanderung erfolgte in einer 3 m langen und 4 cm weiten Röhre, in deren Mitte sich die in Gelatine eingebettete Zirkonium-Hafniumlösung befand, im anodischen Teil der Röhre befand sich eine Natriumsulfatlösung, im kathodischen eine Natriumtartratlösung. Die Einteilung der Wanderungsröhre zeigt auch folgende Zusammenstellung:

Anodenflüssigkeit . . . . 0,8 n Na_2SO_4 + 0,2 n $NaHSO_4$
Gelatine der Anodenseite . . . . . 0,8 n Na_2SO_4 + 0,2 n $NaHSO_4$
Zr-Hf-Gelatine . . . . 0,7 n $Na_4Zr(Hf)(C_2O_4)_4$
Gelatine der Kathodenseite . . . . 0,3 n $Na_2C_4H_4O_6$ + 0,2Na H $C_4H_4O_6$
Kathodenflüssigkeit . . . . 2 n $H_2C_4H_4O_6$

Das Potentialgefälle betrug etwa 3 Volt/cm und die Versuchsdauer betrug gegen 1 Monat. Eine weitgehende Trennung des Hafniums vom Zirkonium ist wohl infolge des geringen Unterschiedes in den Beweglichkeiten der Ionen des Hafniums und Zirkoniums nicht gelungen, eine schwache, doch deutliche Anreicherung des Zirkoniums auf der Anodenseite zeigen jedoch die folgenden Zahlen, die das nach der Sulfatmethode bestimmte Atomgewicht des Zirkonium-Hafniumgemisches der verschiedenen Segmente der Versuchsröhre angeben, wie es nach dem Wanderungsversuch gefunden worden ist.

Segmentnummer von der anodischen Seite aus gerechnet.

	I	II	III	IV	V
Atom-Gewicht .	92,3	92,5	—	93,4	94,0
Atom-Gewicht .	92,1	93,0	94,7	94,6	—

Das Atomgewicht des Zirkoniums beträgt 91,2 (vgl. S. 41).

[1]) KENDALL und WHITE: Proc. of the nat. acad. of Washington Bd. 10, S. 458. 1924. KENDALL und CLARKE, ebenda Bd. 11, S. 393. 1925.
[2]) KENDALL und WEST: Journ. of the Americ. chem. soc. Bd. 43, S. 1602. 1921.

Reines bzw. hochprozentiges Hafnium hat man bis jetzt nur nach der Fluorid- bzw. der Phosphatmethode dargestellt, die allen übrigen besprochenen Methoden überlegen sein dürften. Die Phosphatmethode (partielle Füllung des komplexen Phosphatoxalats mit Salzsäure) hat den Vorteil, daß das Hafnium sich in den ersten Fraktionen anreichert und nicht in den Endlaugen wie bei der Fluoridmethode, auch sind die Löslichkeitsunterschiede der komplexen Phosphate vermutlich größer als die der Fluoride; dagegen ist das Arbeiten mit den voluminösen Phosphatniederschlägen umständlich, wogegen das Fluorid gut krystallisiert und die bekannten Vorteile der Krystallisationsmethoden gegenüber den Fällungsmethoden bietet. Welche von den zwei Methoden vorzuziehen ist, werden erst weitere Erfahrungen entscheiden müssen. Jedenfalls leistete die Fluoridmethode nicht nur bei der Entdeckung des Hafniums, sondern auch bei dessen Reindarstellung vorzügliche Dienste, und alle quantitativen Daten, die bisher über die Eigenschaften von Hafniumverbindungen (Atomgewicht, Dichte, Gitterkonstante, Löslichkeit, Schmelzpunkt, Brechungsindex, magnetische Suszeptibilität sowie auch das optische Spektrum und das Röntgenspektrum) vorliegen, wurden ausnahmslos an einem Material gewonnen, das vom Verfasser und seinen Mitarbeitern nach der Fluoridmethode dargestellt worden ist.

III. Die Eigenschaften des Hafniums.
1. Das Atomgewicht.

Das Atomgewicht des Hafniums ermittelten HÖNIGSCHMID und ZINTL[1]) durch die Analyse des Hafniumbromids. Als Ausgangsmaterial dienten zwei Hafniumoxydpräparate (I und II), die, wie eine röntgenspektroskopische Untersuchung ergab, 0,57 bzw. 0,16% ZrO_2 enthielten. Die Analyse des aus diesen Präparaten dargestellten Bromids ergab das folgende Ergebnis:

Präparat I.

$HfBr_4$ i. Vak.	AgBr i. Vak.	$HfBr_4$/4 AgBr	At.-Gew.
1,50702	2,27562	0,66225	177,80
1,32549	2,00162	0,66221	177,78
2,83251	4,27724	0,66223	177,79

[1]) HÖNIGSCHMID und ZINTL: Ber. d. dtsch. chem. Ges. Bd. 58, S. 453. 1915; vgl. auch HÖNIGSCHMID und ZINTL: Zeitschr. f. anorg. Chem. Bd. 140, S. 335. 1924; HEVESY: Ber. d. dtsch. chem. Ges. Bd. 56, S. 515. 1923.

Das Atomgewicht. Das Metall. 15

Präparat II.

HfBr₄ i. Vak.	AgBr i. Vak.	HfBr₄/4 AgBr	At.-Gew.
1,33538	2,01436	0,66293	178,32
1,07786	1,62580	0,66297	178,35
2,41324	3,64016	0,66295	178,33

Aus den oben ermittelten Atomgewichtswerten A berechnet sich das Atomgewicht des Hafniums, wenn das verwendete Oxydpräparat p% ZrO_2 enthielt und $Zr = 91,22$ gesetzt wird, zu:

Präparat	A	p	Hf
I	177,79	0,57 ± 0,06	178,64 ± 0,09
II	178,33	0,16 ± 0,02	178,54 ± 0,03

Das Atomgewicht des Hafniums beträgt demnach 178,6.

2. Das Metall.

Metallisches Hafniumpulver stellten der Verfasser und BERGLUND[1]) nach der Methode von BERZELIUS, nämlich durch die Reduktion des K_2HfF_6 durch metallisches Natrium dar, um die Gitterdimensionen und somit Atomvolumen und Dichte des metallischen Hafniums zu erfahren. Die von NOETHLING und TOLKSDORF[2]) ausgeführte Bestimmung ergab, daß das Hafnium, ähnlich wie das Zirkonium-Metall hexagonal krystallisiert, die Anordnung ist die der dichtesten Kugelpackung; die Kantenlängen sind $c = 6,46$ und $a = 3,32$; $c : a = 1,64$. Die Zahl der im hexagonalen Elementarparallelepiped vorhandenen Atome ist 2. Aus den Gitterdimensionen folgt für das Atomvolumen der Wert von 15,7, für die Dichte 11,4. Nach obigen Messungen sollte das Atomvolumen des Hafniums um 12,3% größer sein als das des Zirkoniums. Über die Dichte des Hf liegt ferner eine Angabe von DE BOER[3]) vor, $d = 12,1$.

Einen neuen und sehr interessanten Weg der Metalldarstellung schlugen vor kurzem VAN ARKEL und DE BOER[4]) vor, die in ihrer Anwendung auf die Darstellung von metallischem Zirkonium von

---
[1]) HEVESY: Kopenhagener Akad. l. c. S. 51.
[2]) NOETHLING u. TOLKSDORF: Zeitschr. f. Kristallog. Bd. 62, S. 255, 1925.
[3]) DE BOER: Zeitschr. f. anorg. Chem. Bd. 153, S. 216. 1926.
[4]) VAN ARKEL und DE BOER: Zeitschr. f. anorg. Chem. Bd. 148, S. 345. 1925; PHILIPS Glühlampenfabriken D.R.P. 431.389, Erfinder: VAN ARKEL und DE BOER; Fr. Pat. 604.391, Erfinder: VAN ARKEL und DE BOER. Über die Verwendung des Hafniummetalls als Kathodenmaterial vgl. PHILIPS

DE BOER und FAST[1]) ausführlich beschrieben wurde. Das metallische Zirkoniumpulver wird durch Reduktion des Tetrachloriddampfes an einem glühenden Wolframdraht erzeugt, das Metallpulver wird dann ins Jodid umgewandelt und einer erneuten Reduktion unterworfen, wobei sich auf dem glühenden Metalldraht duktiles Zirkonium abscheidet. Die duktilen Zirkoniumstäbe lassen sich ohne weiteres kalt hämmern und walzen.

3. Das Oxyd.

Je nachdem man das Oxyd durch Glühen des Hydroxyds, Oxalats, Oxychlorids oder Sulfats darstellt, erhält man für die Dichte des Oxyds verschiedene Werte. Bei der Darstellung des Oxyds durch allmähliche Zersetzung des Sulfats und Glühen des Oxyds bei 1000^0 beträgt die Dichte $d_{20}^0 = 9{,}68$, die des ZrO_2 $5{,}73$[2]). Beim Erwärmen des Hydroxyds auf $400°$ tritt, wie BÖHM gezeigt hat, unter Glüherscheinung, ebenso wie beim ZrO_2[3]), ein Übergang des amorphen Hydroxyds in das krystallisierte Oxyd ein. Ähnlich wie das ZrO_2 hat auch das HfO_2 verschiedene Modifikationen[4]). Der Schmelzpunkt des Oxyds beträgt nach HENNING[5]) $3085°$ $\pm 25°$ abs. (die des ZrO_2 $2960° \pm 20$ abs.); die magnetische Sus-

---

Glühlampenfabriken. D.R.P. 423.178; Erfinder: HOLST und OOSTERHUIS und als Antikathodenmaterial Dieselben, D.R.P. angemeldet, Erfinder: CLASON.

[1]) DE BOER und FAST: Zeitschr. f. anorg. Chem. Bd. 153, S. 1. 1926.
[2]) HEVESY und BERGLUND: Journ. of the London chem. soc. Bd. 125, S. 2372. 1924.
[3]) BÖHM: Zeitschr. f. anorg. Chem. Bd. 149, S. 217. 1925.
[4]) Vom ZrO_2 sind auf Grund von DEBYE-SCHERRER-Aufnahmen von VAN ARKEL, J. BÖHM, V. M. GOLDSCHMIDT und W. P. DAVEY bisher mindestens 3 Modifikationen sichergestellt (vgl. hierzu Goldschmidt, BARTH, LUNDE und ZACHARIASSEN, Skrifter av det Norske Videns.-Akad. Oslo 1926 Nr. 1, S. 19, Nr. 2, S. 38): Eine monokline (BADDELEYT), bei hohen Temperaturen beständig, eine tetragonale, pseudokubische (deform. CaF_2-Gitter $a = 4{,}95$, $c = 5{,}16$ Å) bei niederen Temperaturen auftretend, schließlich eine reguläre Form (CaF_2-Typ $a = 5{,}06$ Å). Hierzu kommt ferner eine von P. DAVEY (Phys. Rev. Bd. 27, S. 798. 1926) angegebene hexagonale Form ($a = 3{,}598$, $c = 1{,}633$) und eine von NORDENSKJÖLD angegebene tetragonale Form, die nach Versuchen von J. BÖHM mit der monoklinen identisch sein dürfte. Vom HfO_2 ist auf Grund vorläufiger Versuche von J. BÖHM die monokline und tetragonale Modifikation sichergestellt.
[5]) HENNING: Naturwissenschaften Bd. 13, S. 661. 1925.

Das Oxyd. Die Doppelfluoride. 17

ceptibilität pro Gramm nach St. Meyer — $0,110 \cdot 10^{-6}$ (die Verbindung ist diamagnetisch). Es wurde vorgeschlagen, das HfO_2 an Stelle des ThO_2 als rekrystallisationshemmendes Mittel bei der Herstellung von Glühlampenfäden zu verwenden[1]).

4. Die Doppelfluoride.

a) **Krystallstruktur des Ammoniumheptafluorids.** Das $(NH_4)_3HfF_7$ krystallisiert regulär. Nach der Untersuchung von Hassel und Mark[2]) beträgt die Kantenlänge des Elementarwürfels 9,40 Å, die des entsprechenden Zirkonsalzes 9,35 Å, woraus sich, da der Elementarkörper 4 Moleküle enthält, das Molekülvolumen von 125,7 bzw. 123,9 berechnet. Der Unterschied zwischen den Molekülvolumen der 2 Verbindungen beträgt demnach nur 1,5%. Die Krystallklasse der beiden isomorphen Salze ist wahrscheinlich hexakisoktaedrisch. Es ist ein Hf-Ion oktaedrisch von 6 F-Ionen umgeben, deren Entfernung vom Zentralatom ist 1,77 Å. Die Entfernung der F-Ionen voneinander ist 2,5 Å. Um diesen (HfF_6)-Komplex (in der Abb. 5 als Kreis angedeutet) liegen 6 (NH_4)-Gruppen (als Punkte gezeichnet), deren Entfernung vom Schwerpunkt des Komplexions 3,52 Å beträgt. Um diesen großen Komplex, welcher als Koordinationssphäre 2. Art aufgefaßt werden kann, liegen dann 6 weitere, zum inneren Komplex krystallographisch ungleichwertige F-Ionen, welche ihrerseits ein Oktaeder bilden, als

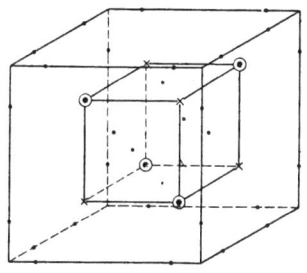

Abb. 5 Krystallstruktur des Ammoniumheptafluorids. Nach O. Hassel und H. Mark.

Tabelle 1. Löslichkeit von $(NH_4)_3ZrF_7$ in Wasser.			
Temp. in °	Mol NH_3/l	Mol Zr/l	Spez. Gew.
0	1,090	0,360	—
20	1,655	0,551	1,086
45	2,357	0,788	—

Tabelle 2. Löslichkeit von $(NH_4)_3HfF_7$ in Wasser.		
Temp. in °	Mol NH_3/l	Mol Hf/l
0	1,230	0,425
20	1,756	0,588

[1]) van Liempt: Nature Bd. 115, S. 194. 1925.
[2]) Hassel und Mark: Zeitschr. f. Phys. Bd. 27, S. 89. 1924.

v. Hevesy, Hafnium. 2

18 Die Eigenschaften des Hafniums.

Tabelle 3.
Löslichkeit von $(NH_4)_3ZrF_7$ in NH_4F-Lösungen bei 20°.

Mol NH_4F/l	Mol NH_3/l (an Zr geknüpft)	Mol Zr/l	Spez. Gew.	Bodenkörper
0,002	1,655	0,551	1,086	$(NH_4)_3ZrF_7$
0,462	1,125	0,375	—	$(NH_4)_3ZrF_7$
0,966	0,726	0,242	—	$(NH_4)_3ZrF_7$
1,941	0,292	0,0972	—	$(NH_4)_3ZrF_7$
4,872	0,0678	0,0226	1,068	$(NH_4)_3ZrF_7$
9,721	0,0515	0,01716	1,105	$(NH_4)_3ZrF_7$

Kreuze eingezeichnet und deren Entfernung vom Schwerpunkt des (HfF_6)-Oktaeders 4,66 Å beträgt. Die (HfF_6)-Ionen und die anderen F-Ionen bilden je ein flächenzentriertes Gitter. Die Verbindung dieser beiden Gitter wird durch die (NH_4)-Ionen hergestellt.

Tabelle 4.
Löslichkeit von $(NH_4)_3HfF_7$ in NH_4F-Lösungen bei 20°

Mol NH_4F/l	Mol Hf/l
0	0,588
0,992	0,261
1,971	0,1080
5,01	0,0258

b) **Löslichkeit der Ammoniumdoppelfluoride.** Mit Rücksicht auf die Bedeutung dieser Verbindungen für die Trennung des Hafniums vom Zirkonium wurde ihre Löslichkeit in Wasser und in NH_4F-Lösung vom Verfasser, CHRISTIANSEN und BERGLUND[1])

Tabelle 5.
Löslichkeit von $(NH_4)_2ZrF_6$-$(NH_4)_3ZrF_7$-Gemische in Wasser bei 20°.

Mol NH_3/l (gefunden)	Mol Zr/l (gefunden)	Mol $(NH_4)_3ZrF_7$ (berechnet)	Mol $(NH_4)_2ZrF_6$ (berechnet)	Bodenkörper
2,383	1,109	0,165	0,944	$(NH_4)_3ZrF_7$ / $(NH_4)_2ZrF_6$
1,831	0,733	0,365	0,368	$(NH_4)_3ZrF_7$

Tabelle 6.
Löslichkeit von $(NH_4)_2HfF_6$-$(NH_4)_3HfF_7$-Gemische in Wasser bei 20°.

Mol NH_3/l (gefunden)	Mol Hf/l (gefunden)	Mol $(NH_4)_3HfF_7$ (berechnet)	Mol $(NH_4)_2HfF_6$ (berechnet)	Bodenkörper
3,038	1,439	0,160	1,279	$(NH_4)_3HfF_7$ / $(NH_4)_2HfF_6$

[1]) HEVESY, CHRISTIANSEN und BERGLUND: Zeitschr. f. anorg. Chem. Bd. 144, S. 69. 1925.

Die Doppelfluoride. 19

ausführlich untersucht. Das Ergebnis der Untersuchung ist aus den Zahlen der Tab. 1—8 sowie aus den Abb. 6—8 ersichtlich. Man sieht aus den Zahlen der Tab. 5 und 6 sowie der Abb. 6 und 7, daß die Hexaverbindungen löslicher sind als die Heptaverbindungen; der Temperaturkoeffizient der Hexasalze ist gleichfalls größer als der der Heptasalze, das Hafniumsalz ist in jedem Falle löslicher als das entsprechende Zirkonsalz, während aber der Unterschied im Falle der Heptasalze ganz minimal ist, findet sich im Falle der Hexasalze ein nicht unerheblicher Unterschied.

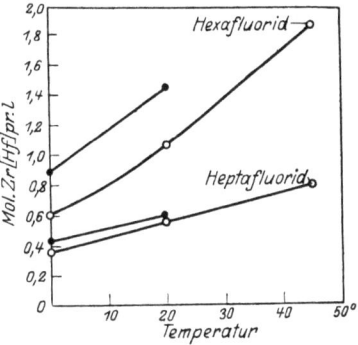

Abb. 6. Löslichkeit der Fluoride.

Bestimmt man die Löslichkeit von Hexafluorid in einer Ammonfluoridlösung, so steigt zuerst die Löslichkeit mit steigender NH_4F-Konzentration, was wir auf eine Bildung von Heptafluorid

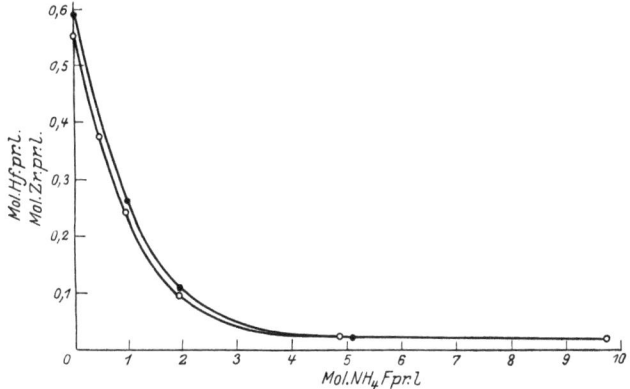

Abb. 7. Löslichkeit der Fluoride.

in der Lösung zurückführen können. Bei einer Konzentration von 0,165 Mol NH_4F pro Liter im Falle des Zr- und 0,160 in dem des Hf-Salzes ist aber die gesättigte Lösung von Hexafluorid auch mit Heptafluorid gesättigt, und von hier ab bewirkt ein weiterer Zusatz von Ammonfluorid eine Umwandlung des Bodenkörpers in

2*

20   Die Eigenschaften des Hafniums.

Heptafluorid. Sobald die Umwandlung vollständig geworden ist, bewirkt ein weiterer Zusatz von NH_4F eine Verminderung der Löslichkeit, und wir finden deshalb im Schnittpunkt der 2 Löslichkeitskurven (der des Hexafluorids und der des Heptafluorids) ein Maximum der Löslichkeit. Hier findet man in einem Liter der gesättigten Lösung 1,109 Mol Zr bzw. 1,439 Mol Hf, während die Löslichkeit des Hexafluorids im Falle des Zr 1,050 Mol, in dem des Hf 1,425 Mol beträgt und die des Heptafluorids 0,551 bzw. 0,588 ist (vgl. Abb. 8).

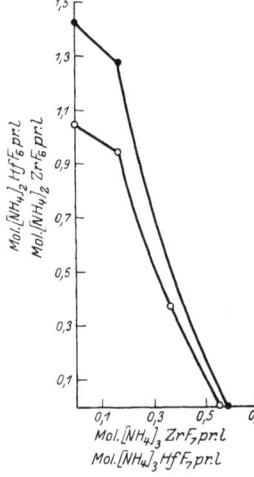

Abb. 8. Löslichkeit der Fluoride.

Tabelle 7.
Löslichkeit der Ammoniumdoppelfluoride in Wasser bei 20°.

$(NH_4)_2ZrF_6$	1,050 Mol/l
$(NH_4)_2TiF_6$	1,344 Mol/l (in $1/8$ n-HF)
$(NH_4)_2HfF_6$	1,425 Mol/l

In Tab. 7 ist die Löslichkeit der Ammoniumhexafluoride der Titangruppe zusammengestellt. Die Löslichkeit der Titanverbindung liegt zwischen der der Hafnium- und der Zirkonverbindung, und ein ähnliches Resultat wurde auch bei der Untersuchung der thermischen Zersetzung der festen Ammoniumdoppelfluoride gefunden (vgl. S. 11).

c) **Löslichkeit der Kaliumdoppelfluoride.** Die Löslichkeit des K_2ZrF_6 in $1/8$ n-Flußsäure bei 20° ist zu 0,0655 Mol per Liter festgestellt worden, in Übereinstimmung mit dem von MARIGNAC[1]) gefundenen Werte, der die Löslichkeit in Wasser, das mit wenig Flußsäure „angesäuert" war, bestimmte. Das K_2HfF_6 zeigte sich nicht unerheblich löslicher, da bei derselben Temperatur 0,1008 Mol dieser Verbindung in Lösung gingen. Wie die Zahlen der Tabelle zeigen, steigt die Löslichkeit beider Salze mit steigender Flußsäurekonzentration.

Tabelle 8.
Löslichkeit des K_2ZrF_6 und K_2HfF_6 bei 20°.

In $1/8$ n-HF	0,0655	0,1008
In 5,89 n-HF	0,1297	0,1942

---
[1]) Vgl. HEVESY: Kopenhagener Akad. l. c. S. 50.

Das Oxychloryd.

Vergleich der Löslichkeit der Kaliumhexafluoride der Siliciumreihe.

Aus der Tab. 9 ist die Löslichkeit der Kaliumhexafluoride der Siliciumreihe ersichtlich, man sieht, wie die Löslichkeit in der Richtung vom Silicium zum Hafnium ansteigt, wo sie ihr Maximum erreicht.

Tabelle 9.

Temperatur	Lösungsmittel	Verbindung	Mol Salz/Liter
17,5°	Wasser	K_2SiF_6	0,00544
20°	n/8 HF	K_2TiF_6	0,0483
20°	n/8 HF	K_2ZrF_6	0,0655
20°	n/8 HF	K_2HfF_6	0,1008
		$K_2ThF_6 \cdot 4H_2O$	schwer löslich

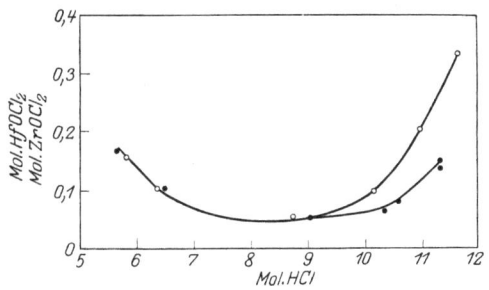

Abb. 9. Löslichkeit der Oxychloride.

d) Brechungsindex der Doppelfluoride. In der Tabelle 10 sind die Brechungsexponenten der Doppelfluoride zusammengestellt.

Tabelle 10.

a) K_2ZrF_6 monokline Zwillinge $C_{D(max)} = 1,466$; $N_{D(min)} = 1,455$
K_2HfF_6 monokline Zwillinge $N_{(max)} = 1,461$; $N_{(min)} = 1,449$

$$N \qquad \frac{n^2-1}{n^2+2} \cdot \frac{1}{d}$$

b) K_3ZrF_7 reguläre Oktaeder 1,408   0,1181
K_3HfF_7 reguläre Oktaeder 1,403   0,1164

5. Das Oxychlorid[1]).

a) Löslichkeit. Die Löslichkeit des Zirkonium- und des Hafniumoxychlorids geht aus den Zahlen der Tab. 11 und 12 sowie aus der Abb. 9 hervor.

---

[1]) HEVESY: l. c. S. 48.

Die Löslichkeit des Oxychlorids sinkt erst mit steigender Salzsäurekonzentration, wie aber die Säurekonzentration von etwa 9 Mol. pro Liter erreicht ist, nimmt die Löslichkeit mit steigender Salzsäurekonzentration wieder zu, vermutlich infolge der Bildung

Tabelle 11.
Löslichkeit des $ZrOCl_2$ bei 20°.

HCl norm.	Mol Oxychlorid Anhydrid per L.
0,20	2,91
1,47	2,14
3,72	0,832
4,97	0,329
5,81	0,157
6,35	0,1037
8,72	0,0547
10,14	0,0988
10,94	0,205
11,61	0,334

Tabelle 12.
Löslichkeit des $HfOCl_2$ bei 20°.

HCl norm.	Dichte der ges. Lösung	Mol Oxychlorid Anhydrid per L.
5,64	—	0,167
6,48	1,127	0,1030
9,02	1,154	0,0530
10,33	—	0,0668
10,56	1,180	0,0801
11,28	—	0,1509

eines H_2HfOCl_4-Komplexes. Ein Blick auf die Abb. 9 lehrt auch, weshalb eine Trennung des Hafniums vom Zirkonium durch Krystallisation des Oxychlorids nur dann gelingt, wenn sie aus konzentrierter Salzsäure erfolgt.

b) Brechungsindex. Das $HfOCl_2 + 8\, H_2O$ krystallisiert in tetragonalen Nadeln von paralleler Auslöschung, positiv in der longitudinalen Richtung.

$$n(w) = 1{,}557 \qquad n(\varepsilon) = 1{,}543\,.$$

Für das $ZrOCl_2 + 8\, H_2O$ beträgt

$$n(w) = 1{,}563 \qquad n(\varepsilon) = 1{,}552\,.$$

demnach $\triangle n(w) = -0{,}006 \quad \triangle n(\varepsilon) = -0{,}004\,.$

Tabelle 13.
Löslichkeit des Hafnium- und Zirkonphosphats in HCl bei 20°.

HCl-Konz.	Mol $HfO(H_2PO_4)$ 2/Liter	Mol $ZrO(H_2PO_4)$ 2/Liter
10,48 n	0,00013	—
10,21 n	0,00012	—
10,00 n	—	0,00023
6,01 n	—	0,00012
5,94 n	0,00009	—

6. Das Phosphat[1].

Die Löslichkeit des Hafniumphosphats und Zirkoniumphosphats in HCl verschiedener Konzentration zeigen die Zahlen der Tabelle 13.

Wie die Zahlen der Tab. 13 und die Abb. 10

---

[1] HEVESY und KIMURA: Zeitschr. f. angew. Chem. Bd. 38, S. 774. 1925.

Das Phosphat. 23

zeigen, nimmt die Löslichkeit mit steigender Säurekonzentration zu, ist aber auch in 10n-Säure noch sehr gering; man sieht auch, daß das Hafniumphosphat noch unlöslicher ist wie das Zirkonphosphat (vgl. auch S. 6) und daß, während bis jetzt das letztere als das in Säuren unlöslichste Phosphat galt, diese Eigenschaft nunmehr dem Hafniumphosphat zuzuschreiben sei[1]). Abb. 11 zeigt den Wasserverlust der bei 130° getrockneten Phosphate bei weiterem Erwärmen.

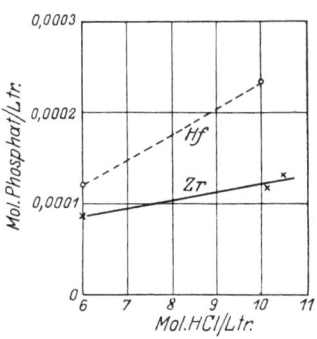

Abb. 10. Löslichkeit der Phosphate.

Auf Grund der Analyse des Hafniumphosphats

	Gef. %	Ber. als $HfO_2 \cdot P_2O_5 \cdot 2 H_2O$ %
HfO_2	54,2	54,18
P_2O_5	36,5	36,55
H_2O	9,4	9,27
	100,1	100,00

kann man nicht entscheiden, ob der Verbindung die Formel $HfO(H_2PO_4)$ oder $Hf(HPO_4)_2$ zukommt, ob ein Metaphosphat oder ein Orthophosphat[2]) vorliegt, doch spricht die Stabilität der Hafnylionen $(HfO^{\cdot\cdot})$ gegenüber den in wässeriger Lösung praktisch kaum vorhandenen Hafniumionen $(Hf^{\cdot\cdot\cdot\cdot})$ sowie die Tatsache, daß bereits in 6 n HCl die Dissoziation des H_2PO_4 sehr stark zurückgedrängt ist, für das

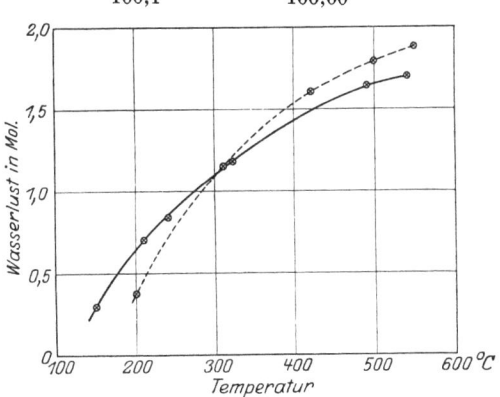

Abb. 11. Wasserverlust der Phosphate.

---
[1]) HEVESY: Ber. d. dtsch. chem. Ges. Bd. 56, S. 1503. 1923.
[2]) Das letztere wird von DE BOER (Zeitschr. f. anorg. Chem. Bd. 144, S. 190. 1925) angenommen.

Vorliegen des Metaphosphats, dessen Entstehung sich durch Vereinigung eines $HfO^{..}$-Kations mit 2 H_2PO_4-Anionen ungezwungen erklären läßt.

7. Das Acetylacetonat[1]).

a) Dichte. Die Dichte (d_4^{25}) des $Hf(C_5H_7O_2)_4$ und des $Zr(C_5H_7O_2)_4$ beträgt 1,670 bzw. 1,415. Die Werte sind pyknometrisch erhalten worden; als Füllflüssigkeit diente Paraffinöl. Das Molekülvolumen beider Verbindungen ergibt sich zu 346 (vgl. Abb. 21).

b) Schmelzpunkt. Der Schmelzpunkt liegt bei 193—195°, denselben Wert findet man für die Zirkonverbindung.

c) Sublimationstemperatur. Im Vakuum von 0,001 mm Hg-Druck ist bei 82° eine Sublimation sowohl der Hafniumverbindung wie der Zirkonverbindung wahrnehmbar.

d) Löslichkeit. Die Löslichkeit der Hafniumverbindung in Äthylenbromid bei 25° beträgt 0,0620 Mol/L, die der Zirkonverbindung 0,0907. Das Hafniumacetylacetonat addiert ähnlich wie das Zirkonacetylacetonat und im Gegensatze zum Thoriumacetylacetonat kein Ammoniak.

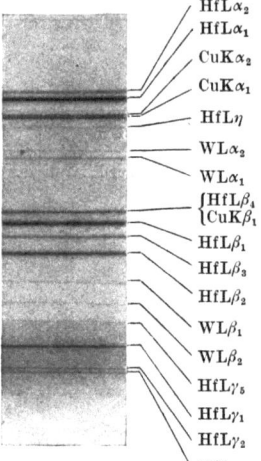

Abb. 12. Röntgenspektrum des Hafniums. L-Serie; aufgenommen mit Kalkspatkrystall; zweifach natürliche Größe.

e) Krystallstruktur. Die Verbindung krystallisiert in gut ausgebildeten, monoklinen, sehr stark doppelbrechenden Krystallen; die Winkel der Zirkon- und der Hafniumverbindung zeigen keinen Unterschied; der Brechungsexponent des Zirkonacetylacetonats ist eine Spur größer als der des Hafniumacetylacetonats.

8. Das Röntgenspektrum.

Die Tabellen 14 bis 16 enthalten die Wellenlängen (λ) sowie die Werte $\dfrac{\nu}{R}$ und $\sqrt{\dfrac{\nu}{R}}$ des K-, L- und M-Spektrums. Bis auf die

---

[1]) HEVESY und LÖGSTRUP: Ber. d. dtsch. chem. Ges. Bd. 59, S. 1890. 1926.

Das Acetylacetonat. Das Röntgenspektrum.

im K-Gebiet[1]) liegenden Werte sind alle von COSTER[2]) bestimmt worden, von dem auch Abb. 12 herrührt. Eine Photometerkurve der Abb. 12 zeigt Abb. 13, während Abb. 14 die Photometerkurve der Platte zeigt, auf welcher die HfLα_1-Linie zum ersten Male bei der Unter-

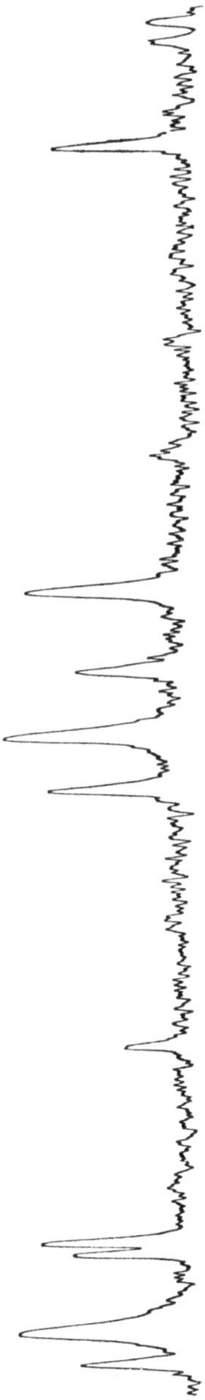

Emissionsspektra.

Tabelle 14. Das K-Spektrum.

Linie	λ	$\dfrac{\nu}{R}$	$\sqrt{\dfrac{\nu}{R}}$
α'	226,53	4022,7	63,424
α'	221,73	4109,8	64,108
β'	195,83	4653,3	68,216
β	195,15	4653	68,334
γ	190,42	4785,5	69,178

Tabelle 15. Das L-Spektrum.

Linie	λ	$\dfrac{\nu}{R}$	$\sqrt{\dfrac{\nu}{R}}$
l	1777,4	512,70	22,643
a_2	1577,04	577,84	21,038
a_1	1566,07	581,89	24,125
η	1519,7	599,66	24,488
β_4	1389,3	655,91	25,611
$\beta_1-\beta_6$	1371,1	664,60	25,780
β_3	1349,7	675,20	25,985
β_2	1323,5	688,51	26,238
β_7	1302,5	699,65	26,451
γ_5	1212,1	751,80	27,419
γ_1	1176,5	774,55	27,831
γ_2	1141,3	798,46	28,257
γ_3	1135,6	802,48	28,328
γ_4	1100,1	827,68	28,769

[1]) Die Absorptionskante ist von DE BROGLIE und CABRERA (Cpt. rend. hebdom. des séances de l'acad. des sciences Bd. 176, S. 433. 1923) und die Emissionslinien von CORK und STEFENSON (Phys. Rev. Bd. 27, S. 532. 1926) gemessen worden.

[2]) Nach den Messungen von NISHINA ist die Wellenlänge von β_9 und β_{10} gleich 1287,0 bzw. 1296,7 X.

Abb. 13. Photometerkurve des L-Spektrums.

26   Die Eigenschaften des Hafniums.

suchung eines norwegischen Zirkons beobachtet wurde, Abb. 15 bezieht sich auf die allererste chemische Anreicherung des im norwegischen Zirkon vorhandenen Hafniums.

Tabelle 16. Das M-Spektrum.

Linie	λ	$\frac{\nu}{R}$	$\sqrt{\frac{\nu}{R}}$
α	7521	121,15	11,008
β	7286	125,06	11,183

Absorptionsspektra.
Tabelle 17.

Absorptionskante	λ	$\frac{\nu}{R}$	$\sqrt{\frac{\nu}{R}}$
K	190,5	4783,7	69,164
L_I	1095,3	831,99	28,844
L_{II}	1151,5	791,37	28,131
L_{III}	1293,0	704,77	26,547

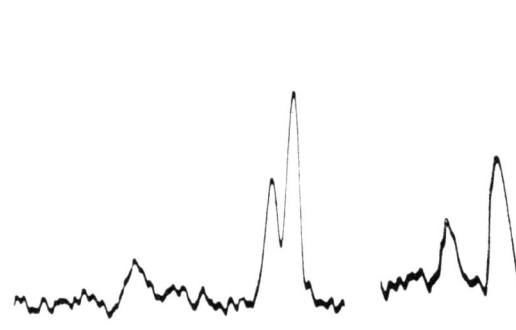

Abb. 14. Photometerkurve der allerersten Aufnahme (Mineral).

Abb. 15. Photometerkurve der Aufnahme der allerersten chemischen Anreicherung.

9. Das optische Spektrum.

Im Gebiet zwischen 2254 und 7241 Å ist das optische Spektrum von HANSEN und WERNER[1]) genau untersucht worden, die

---

[1]) HANSEN und WERNER: Kopenhagener Akad. Ber. Bd. 5, S. 1. 1923; vgl. auch BARDET und TOUSSAINT, Cpt. rend. hebdom. des séances de l'acad. des sciences Bd. 180, S. 1936. 1925. Die in der obigen Tabelle ent-

Das optische Spektrum.

760 Linien des Bogenspektrums und 683 Linien des Funkenspektrums ausgemessen haben. Das Ergebnis ihrer Messungen enthält Tab. 18, in welcher sich die Wellenlängen, sowie die relativen Intensitäten der Linien aufgezählt finden. Das optische Spektrum zeigt ferner Abb. 16.

Tabelle 18.

λ	I Bogen	Funken	λ	I Bogen	Funken	λ	I Bogen	Funken	
7240,9	5		6644,6	6		6202,78	1		
37,2	5		31,5	1d		6192,46	1		
7131,8	6		28,1	1d		85,13	5		
19,5	2		24,4	2		35,13	1		
7063,7	5		6587,2	4		18,20	2	1	
30,3	2		84,6	1		6098,67	4½	2	
6980,8	4		67,5	2		54,09	2d	1	
79,6	2		58,0	3		43,22	3d	1	
37,1	1		56,6	2		16,78	3	2	(Mn)
35,2	1		41,2	1		5992,99	2	1	
11,3	3		6486,5	2		86,49	1d	1d	
06,3	1		78,7	1		78,67	4	2	(Ti)
6858,6	3		71,5	1		74,31	4½	3	
49,9	1		57,0	2		33,74	4	3	
36,4	1		49,9	2		26,52	2		
26,6	3		31,8	2		02,93	6	3	
19,0	6		09,54	2		5890,50	4		
03,0	1		*6386,34	5		86,30	1		
6789,3	6		38,14	3		83,68	3	1	
54,6	5		18,36	1		47,76	2		
47,6	3		11,76	2		45,88	3		
34,7	2		6248,90	4		42,24	4½	1	
13,5	4		* 38,49	3		38,89	2		
6691,0	2		16,78	3		17,45	2	1	
59,5	2d		11,92	1		11,26	1		
56,7	2d		10,72	3		09,52	3		
47,0	4		09,45	2		08,39	1		

haltenen Zahlen, die der Verfasser den Herren HANSEN und WERNER verdankt, weichen nur unwesentlich von den in der obenerwähnten Abhandlung von HANSEN und WERNER mitgeteilten Zahlen ab. Diese Wellenlängen, die bei der Untersuchung des Zirkoniumspektrums bereits von BACHEM (Diss. Bonn 1910) beobachtet wurden, sind in der Tab. 18 mit einem Stern, diejenigen welche VAHLE (Diss. Bonn 1917) beobachtet hatte, mit einem Kreise bezeichnet.

Die Eigenschaften des Hafniums.

λ	I Bogen	I Funken		λ	I Bogen	I Funken		λ	I Bogen	I Funken	
5807,19	1			°5398,71	1d			5101,64	2		
5799,72	1			91,33	2d	1		00,68	2		
96,28	1			89,40	4½	1		5098,20	1		
88,13	1			83,07	2			93,84	4	2	
67,18	3	2		73,89	6	3		90,86	2		
65,98	2			71,03	1d			79,57	3	3d	
65,33	2d	2d		68,56	1			75,90	2	2	
48,73	3	2		61,42	1			74,71	3	3	
42,65	1d	1		58,35	2			71,18	2	1	
34,61	3	1		54,75	6	2		63,12	1	—	
20,14	3			48,45	3	1		58,09	3	2	
19,22	6	4		46,31	3	2	?	51,31	2	1	
13,28	4	2		24,29	4	2	(Fe)	47,43	5	4	
5698,10	4	2		11,55	6	4		45,28	1	1	
73,60	1	1		09,67	4	1	(Zr)	40,79	6	6	
62,97	1			07,83	3		(Zr)	37,32	2	1d	
62,08	2		(Ti)	04,18	2			25,80	2	2	
54,56	3	1		5299,86	2d			21,09	3	2	
50,74	3	1		98,05	6	3		18,14	6	4½	
44,52	1			92,77	2d			00,58	2	2	
28,21	2			90,79	1			4999,61	5	4	(Ti)
13,99	3			89,94	1			92,28	3	2	
13,31	5½	3		86,10	3			84,68	2	2	
00,82	2			84,63	1			76,94	2	2	
5590,75	2	1		75,05	4	1		75,22	6	5	
75,87	4½	2		64,92	4½	3		69,26	2	1	
52,12	6	4		60,41	4	2		65,30	2	2	
50,60	6	4		58,75	2			47,34	2	1	
41,95	1			54,38	2d			45,32	4	3	
38,09	4d	1		47,07	4	2		34,34	4½	4½	
30,30	2			44,60	3			33,88	1		
24,92	1			43,97	5½	2		20,88	2	2	
24,39	4	3		08,86	3			15,24	4	3	
10,42	3	2		°5194,57	2			10,05	2	2	
10,12	3			87,76	4	2		07,20	2d	1	
03,18	1			81,93	6	3		06,29	1d	1d	
5497,26	3	1		76,17	1			04,44	3	4	
63,33	6	3		70,23	4½	2		03,02	2d	3	
52,90	5½	2		53,16	3	1		4896,36	3	3	
44,05	4	2		31,56	1d			89,79	2d	1d	
38,78	4½	2		28,50	4	2d		78,16	3	3	(Ca)
35,79	2			14,36	1			77,61	4½	5	
23,99	3	1	(Fe)	11,28	1			72,97	3	3	
04,47	4	1		06,55	2			65,46	2	3	

Das optische Spektrum.

λ	Bogen	Funken	λ	Bogen	Funken	λ	Bogen	Funken	
°4863,31	4	5	4619,46	2	2	4353,38	3	3d	
61,54	2	1	13,71	3d	3	52,60	3	3	
60,60	1	1	08,10	4	4	50,53	4	6	
59,26	4½	5½	05,76	3	4	49,78	3	3	
58,45	3	4	4598,86	6	6	36,71	5	6	
50,64	3	3	97,94	3	3	35,15	2	3	
48,50	2	3	86,24	—	3	34,65	3	4½	
44,00	3	3	73,78	4	4	30,32	4½	4½	
37,26	5	5	°70,62	2	3	22,67	1	2	
34,20	4½	3	65,93	5	5	20,67	4½	5	
18,86	4	4	62,70	3	3d	18,17	4	4	
17,20	3	4½	47,76	—	2	03,61	3	3	
13,86	1	2	46,96	2	2d	4296,42	3	3	
11,14	2	3	44,00	3	4	°72,84	4½	5	
09,24	2	2	43,00	2	2	69,68	4	4	
07,14	2	3	41,73	1	1	63,42	4	4	
00,51	6	6	41,28	1	3	62,72	3	3	
4795,98	2	2	40,88	4	4	61,02	3	6	
90,72	3	4½	35,32	2	3	52,02	4	4	
82,77	4	5	33,15	5	5	(Ti)	49,32	4½	4½
77,16	1	2d	24,66	—	3	45,84	3	4	
74,90	3	3	20,60	2	3	32,39	4½	6	
73,73	4	4	18,31	3	3	°28,03	3	3	
66,51	4	4½	4499,65	2	3	09,71	3	3	
65,80	2	3	90,61	2	3	06,56	4½	5½	
60,53	2	3	86,15	4½	4½	4177,48	3	4	
57,60	3	3	73,05	1	—	74,33	4½	5	
38,61	3	3	66,39	3	3	62,35	4	4	
35,62	3	3d	52,96	3	3	58,88	3	4	
21,74	3	3	38,04	4	4	(Zr)	45,76	3	4
08,85	3	3	32,95	1	2d	36,37	2d	3d	
4699,70	3	4	30,57	1	1	27,76	4½	5	
99,02	4	4½	22,71	4	5	13,54	4	4½	
70,94	—	2	22,25	2	2	04,26	2	3	
69,25	2	2	17,86	3	4	*4093,18	6	6	
64,14	5½	5½	17,35	4½	6	(Ti)	°83,35	4	4
59,29	—	2	16,15	2	2	80,46	5	5	
55,19	6	5	15,06	—	2	67,82	2	3	
52,09	2d	3d	08,86	3	3	°66,21	4	4	
50,62	2	3d	4385,47	1	2	64,79	2	2	
48,35	—	2d	79,19	2	2d	62,86	4½	5	
42,25	4	3	67,92	4	5	57,46	3	2	
22,70	4½	5	65,38	3	3	50,91	3	3	
20,85	6	5	56,33	5	6	°50,63	3	3d	

Die Eigenschaften des Hafniums.

λ	Bogen	Funken	λ	Bogen	Funken	λ	Bogen	Funken	
4049,76	1	1	3793,35	5	5	3599,88	4½	4	(Zr)
49,45	3	3	85,40	5	5	99,13	2	3	
47,98	3	4	77,74	5	5	97,43	4½	5	
44,39	3	3	47,51	3	3	69,04	5½	6	
33,88	1	2d	46,81	4	4	67,37	3	4	
32,29	4	4	44,98	3	3	64,29	3d	3d	
29,19	3	3	39,06	2	3	61,65	6	6	
20,28	3	3	37,85	3	4	52,67	5	6	
11,50	2	2d	33,82	4	4	48,80	3	3	
08,46	2	3	26,50	3	3	36,59	4	4	
07,36	2	3	19,30	6	6	35,51	5	5	
03,78	2	2	17,82	5	5	34,49	3	2	
3996,78	2	3	08,87	2	2	31,21	2	2	
84,03	3	4	05,40	4	4½	22,99	5	5	
79,36	3	4	01,14	5	6	21,57	2	2	
70,10	4	3	3699,71	5	5	18,74	3	3	
68,04	2	2	98,34	2	2	13,28	3	3	
64,96	3	4	96,50	4	4	11,76	½	1d	
51,81	5	5	82,24	6	6	06,84	3	3	
50,77	3	4	81,37	3	3	* 05,22	6	6	
49,48	1	2	75,75	5	5	03,59	3	3	
45,32	2	2	72,27	4	4	3497,44	5	5	
41,18	1	1	66,74	2	3	95,77	5	5	(Ti)
39,01	3	3	65,30	4½	5	87,57	½d	3	
38,41	1d	2	64,56	2	3	79,22	6	6	
35,68	3	3	61,69	1	1	72,40	5	5	
31,79	2	2	61,04	4	4½	67,61	3	2	
31,34	3	4	59,00	2	3	62,68	4	4	
27,58	2	4	54,22	3d	2d	41,87	3	2	
26,41	3	3	51,80	4	4	28,39	5	5	
23,91	5	5	50,49	3	3	*○ 19,19	5	4	
18,07	6	6	49,08	4½	4½	17,36	5	3	
17,43	4	4	48,33	3	3	13,78	5	3	
12,51	1	1	45,80	1	1	12,35	3	1	
09,19	3	3d	44,31	6	6	10,17	5	6	(Zr)
06,88	3	3	37,60	3	3	07,77	4	4	
* 02,91	4d	4	(Fe) 33,15	—	3	* 02,44	4	3	(Ti)
3899,93	4	5	32,68	2	2	*3399,80	6	6	
95,63	2	1	30,85	4	4	97,50	4d	3d	
92,46	2	3	27,80	3	2	95,00	3	4	
89,32	3	4	22,43	2	3	89,78	5	5	
80,79	3	3	19,99	3	3	86,10	4	4	
17,05	2	3	17,69	3	3	84,67	5	4	
00,40	4	4	16,87	5½	6	84,17	1d	3d	

Das optische Spektrum.

λ	Bo-gen	Fun-ken		λ	Bo-gen	Fun-ken		λ	Bo-gen	Fun-ken	
3378,88	4	3		3162,59	5	6	(Ti)	3011,23	2	3	
66,71	4	2		59,82	5	5		01,85	1	2	
60,08	4	3		56,64	5	5		00,12	5	5	
58,92	5	3		51,65	4	3		2992,01	—	1	
52,03	6	6	(Ti)	48,46	4	4		90,83	—	3	
32,74	6	6		45,33	5	6		84,08	—	3	
28,18	5d	5		40,78	3	4		82,74	5	4	
24,18	½	2		39,69	3	4		*80,84	5	5	
17,97	5	6	(Ti)	37,55	3	3		°79,26	5	4	
17,21	½	1		34,77	6	6		77,61	4	4	
12,86	6	6		31,82	—	5		75,91	5	6	
10,92	1	3d		*28,75	3	3		75,38	1	1	
10,25	5	4		26,31	2d	3		74,11	2	3	(Nb)
09,26	4	3d		23,90	1	1		73,42	—	3d	
3298,96	3	2		19,97	4	4		68,87	6	5	
94,59	—	1		16,98	3	4		67,26	3d	4	(Ti)
91,05	4	3		14,86	—	1		*64,86	5	5	
89,73	1	1		09,14	6	6		61,82	4	4	
83,42	5	3		02,47	—	1		58,04	4	4	
80,02	5	5		01,42	6	6		54,24	5	5	
67,14	5	3		00,77	—	1		*50,72	5	5	
62,55	3	3		3096,77	5	4		47,16	3	4	
55,30	5	6		92,25	4	4		44,73	4	4	
53,70	6	6		91,75	1	2		*°40,80	5	5	
49,52	4	3		80,77	6	6		40,25	1	2	
43,40	4	2		76,88	2	3d		°29,95	4	4	
30,10	3	2		74,81	4	4		*°29,66	6	5	
26,97	2	3		74,11	3	3		26,46	1	3	
20,61	4	5		°72,94	6	5	(Ti)	°24,66	3	3	(Zr)
17,17	5	5		69,18	3	3		19,61	6	6	
06,70	—	2		67,39	6	5		18,65	5	4	
06,18	5	4		57,04	5	5		*°16,55	6	5	
03,73	3	4		55,47	4	3		13,19	½	1	
02,16	1	2		54,50	4	3		12,79	1	1	
00,02	4	5	(Ti)	50,76	5	4		09,91	5	5	(Ti)
3195,62	2	2		46,05	4	4		°*04,84	5	5	
94,20	6	6		34,56	2	1		°*04,44	5	5	
93,50	5	5		31,16	5	6		°*2898,70	5	4	
89,69	4	4		25,34	—	4		°*98,31	6	5	
81,02	4	4		24,73	—	4		°94,88	1	1	
79,48	1	2d		22,06	—	2		94,04	—	1	
76,86	6	6		18,30	5	5		92,59	4	3	
74,92	1	1		16,77	6	5		89,65	5	5	(Mn)
72,93	5	6		12,89	6	6		87,56	4	3	(Ti)

Die Eigenschaften des Hafniums.

λ	Bogen	Funken		λ	Bogen	Funken		λ	Bogen	Funken	
2887,16	4	4		2764,56	½	1		2616,64	4	3	
85,52	3	4		62,72	4	3		14,31	1d	2	
79,14	4	4		61,68	5	4		13,63	4	5	
76,37	5	5		56,95	3	4		12,60	3	2	
73,66	3	2		51,87	5	5		10,01	3	2	
67,79	1	2		43,64	4	3		08,46	3	3	
○* 66,38	6	6		* 38,77	5	6		07,31	2d	2	
* 63,39	3	2		*○ 37,84	3	2		* 07,06	5	5	
○* 61,72	6	6		35,09	—	1		06,42	5	5	
* 61,06	5	6	(Nb)	31,13	1d	2		02,90	3	3	
60,59	3	3		29,11	4	3		02,70	3	3	
60,34	1d	3		27,45	3	2		2599,18	1	2	
58,71	1	2	(Mn)	18,58	5	5		95,61	1d	2	
57,67	4	4		13,88	4	3		91,33	5	5	
51,24	5	4	(Ti)	13.50	½	1		82,52	5	5	
50,94	4	3		06,72	6	5		78,19	5	5	
50,13	3	3		05,64	6	5		76,85	5	5	
49,20	5	5		03,17	1	2		74,93	1	2	
45,81	5	5		2697,09	2	2	(Nb)	73,94	5	5	
34,16	4	3		88,37	2	1		72,97	1	2	
33,32	5	4		85,21	3	4		71,72	5	6	
29,34	3	4		83,41	5	6		70,73	2	3	
22,71	6	6		78,38	1	2		63,65	4	5	(Mn)
*○ 20,24	6	6	(Ti)	77,59	2	3		59,26	4	5	
19,77	4	3		76,60	2	3		51,40	5	6	
18,96	4d	3d		71,22	3	4		49,14	—	2	
17,72	5	3		68,02	5	4		49,00	—	1	
16,11	1	2		68,30	4	3		48,54	1	2	
14,81	3	3		65,98	5	5		48,20	4	4	
14,48	4	4		61,89	5	5		37,34	5	5	
13,88	4	4		57,86	5	5		32,97	4	4	
12,33	2	2		57,51	4	4		32,14	—	1	
09,61	1	1		52,79	3	2		31,19	5	5	
08,02	5	5		52,35	1	2		21,50	3	4	(Nb)
2786,33	3	4		49,13	3	4		17,88	1	2	
84,50	½	1		* 47,31	6	6		* 16,89	6	6	
79,39	5	5		42,74	5	3		15,51	4	4	
75,28	4	3		* 41,43	6	6		13,03	6	5	
*○ 74,07	5	4		*○ 38,72	6	6		12,72	6	5	
*○ 73,42	6	6		37,00	4	3		10,44	—	2	
73,01	3	3		35,81	3	4		02,68	4	3	
72,36	3	4		26,96	3	4		00,76	3	4	
70,47	4	4		22,76	6	6		2497,04	5	5	
66,98	4	3		20,95	1	2		95,15	1	3	

Das optische Spektrum.

λ	Bogen	Funken	λ	Bogen	Funken	λ	Bogen	Funken
2494,38	—	2	2425,95	4	$4\frac{1}{2}$	2337,33	3	4
*81,41	2	3	17,67	5	6	36,44	—	2
73,90	4	5	10,13	5	6	32,95	2	3
69,17	$4\frac{1}{2}$	6	06,43	3	4	24,86	3	4
65,03	3	3	*○ 05,43	$4\frac{1}{2}$	$5\frac{1}{2}$	23,23	3	4
64,20	5	$5\frac{1}{2}$	04,57	2	3	* 22,44	4	5
63,88	—	3	03,61	1	2	21,13	3	$4\frac{1}{2}$
60,47	6	6	00,80	4	4	18,46	—	1
59,43	—	2	*2393,81	4	5	13,43	—	1
55,18	1	2	93,36	4	5	2298,34	—	2
53,99	1	2	93,19	2	3	91,64	1	2
53,33	3	$4\frac{1}{2}$	83,58	1	1	84,57	1	2
52,28	2	3	81,05	2	3	* 77,15	3	5
49,42	4	$4\frac{1}{2}$	80,35	4	5	73,13	2	3
47,24	5	6	77,63	—	1	66,81	2	4
41,04	1	2	66,02	2	2	66,51	1	3
34,75	1	3	51,24	5	6	55,11	1	3
33,52	3	5	47,45	5	5	53,98	2	4
28,96	3	5	43,32	4	4			

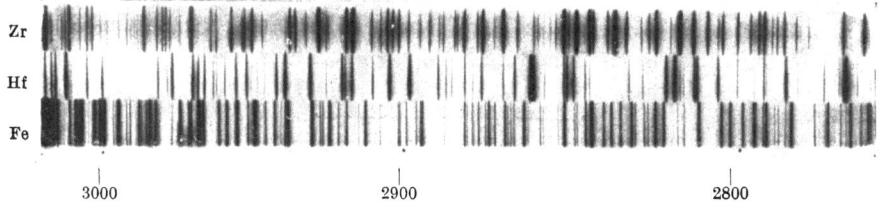

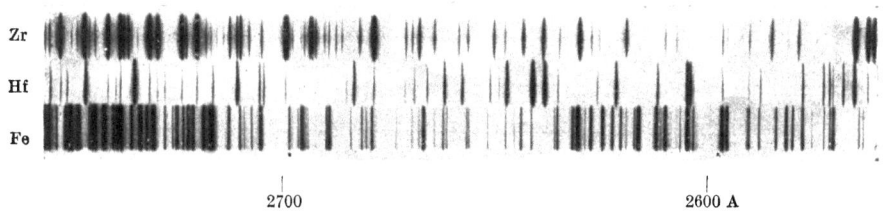

Abb. 16. Optisches Spektrum des Hafniums a) Zr: K_2ZrF_6 auf Gaskohle. Funke 3 Min. exp. b) Hf: $(NH_4)_2HfF_6$ auf Gaskohle. Funke 2 Min. exp. c) Fe: Eisenbogen. $^3/_4$ Min.

v. Hevesy, Hafnium.

IV. Die analytische Chemie des Hafniums.

Wir kennen keine charakteristischen Farben- und Fällungsreaktionen, mit deren Hilfe die Gegenwart von Hafnium nachgewiesen werden kann. Die für Zirkonium charakteristische Phosphatfällung aus stark saurer Lösung, die Rotfärbung, die beim Auflösen des Acetylacetonats in Schwefelkohlenstoff auftritt[1]), zeigt auch das Hafnium; Fällungen mit Kaliumoxalat, Pikrinsäure, α-Nitroso-β-Naphthol zeigen gleichfalls keinen Unterschied[2]), doch wird, wie DE BOER[3]) gefunden hat, Rufigallussäure in neutraler oder schwach saurer Lösung vom Hafnium schneller und intensiver weinrot gefärbt als vom Zirkonium, und in konzentrierter Salzsäurelösung verschwindet die Färbung des Hafniums etwas früher.

Das wichtigste Problem der analytischen Chemie des Hafniums ist dessen quantitativer Nachweis in Zirkonium-Hafnium-Präparaten. Zu Beginn, nach der Entdeckung des Hafniums, konnte der Hafniumgehalt der Präparate nur aus der Intensität der Röntgenlinien und bis zu einem gewissen Grade auch aus der der optischen Linien bestimmt werden; nachdem aber Atomgewicht des Elementes und die Dichte seines Oxyds bekannt waren, konnten zu diesem Zwecke auch chemische Methoden herangezogen werden, wie die Analyse des Tetrabromids, des Ammoniumdoppelfluorids usw., ferner auch Dichtebestimmungen.

1. Analyse des Bromids.

Diese Methode, die von HÖNIGSCHMID und ZINTL zur Bestimmung des Atomgewichtes des Hafniums verwendet worden ist, haben wir bereits auf S. 14 besprochen.

2. Analyse der Ammoniumdoppelfluoride.

Man trocknet das Ammoniumhexafluorid bei 60° und bestimmt dann seinen Ammoniakgehalt nach der Destillationsmethode. So wurde z. B. in einem Falle das Verhältnis des Gewichtes der Ammoniakmenge zur Salzmenge zu 0,1149 festgestellt, woraus ein HfO_2-Gehalt von 73,4% und ein ZrO_2-Gehalt von 26,6% folgt.

[1]) HEVESY und LÖGSTRUP: Ber. d. dtsch. chem. Ges. Bd. 59, S. 1890. 1926.
[2]) STEIDLER: Mikrochemie Bd. 2, S. 81. 1924.
[3]) DE BOER: Rec. Trav. Chim. Bd. 44, S. 1075. 1925.

Das Oxydgemisch wurde jetzt in das Heptafluorid umgewandelt und analysiert. Es ergab sich das Verhältnis $\frac{NH_3}{Salz} = 0{,}1534$ entsprechend 73,5% HfO_2 und 26,5% ZrO_2 sowie $\frac{Oxyd}{Salz} = 0{,}5344$ entsprechend 73,6% HfO_2 und 26,4% ZrO_2. Auch die Analyse des Sulfats, das bei 400° bis zur Gewichtskonstanz erwärmt und dann durch Glühen zerstört wird, eignet sich zu einer ungefähren Bestimmung des Hafniumgehaltes[1]), während die Analyse des Phosphats genauere Resultate liefert.

3. Analyse durch Dichtebestimmung[2]).

Stellt man das Oxyd durch Glühen des Sulfats erst vorsichtig, dann längere Zeit hindurch bei etwa 1000° dar, so berechnet sich aus der Dichte des Oxydgemisches bei 20° (d), der Hafniumgehalt (X) nach der Formel:

$$X = \frac{d - 5{,}73}{0{,}0394}.$$

Auch eine Dichtebestimmung des Ammoniumhexafluorids kann mit Erfolg zur Bestimmung des Hafniumgehaltes des Gemisches verwendet werden.

4. Röntgenspektroskopische Analyse.

Kurz nach der Entdeckung des Hafniums haben COSTER und der Verfasser den zu untersuchenden Proben eine bekannte Menge Tantaloxyd zugesetzt und unter der Voraussetzung, daß eine gleiche Anzahl Atome des Tantals und Hafniums ungefähr dieselbe Schwärzung der photographischen Platte hervorruft, aus dem Intensitätsverhältnis der $L\alpha_1$-Linien den unbekannten Hafniumoxydgehalt des Präparates berechnet. Es zeigte sich später, daß diese Methode[3]) bei der Analyse von Mineralien zu beträchtlichen Fehlern führen kann. Deshalb gingen von Mitte 1924 an der Verfasser und seine Mitarbeiter, von Herrn Y. NISHINA

---

[1]) HEVESY: Ber. d. dtsch. chem. Ges. Bd. 56, S. 1503. 1923.; URBAIN, G. und P. URBAIN: Cpt. rend. hebdom. des séances de l'acad. des sciences Bd. 178, S. 265. 1923.
[2]) HEVESY und BERGLUND: Journ. of the Americ. chem. soc. Bd. 125, S. 2372. 1924.
[3]) COSTER: Chem. News Bd. 127, S. 65. 1923.; COSTER und NISHINA: Chem. News Bd. 130, S. 149. 1925. Die Methode wurde auch bei den wiederholt besprochenen Untersuchungen VAN ARKELS und DE BOERS verwendet.

36   Die analytische Chemie des Hafniums.

freundlichst unterstützt, zur Verwendung einer etwas verschiedenen Methode über, die im folgenden beschrieben wird[1]).

Man verzichtet auf die direkte Analyse des Minerals und extrahiert aus diesem das Oxydgemisch. Zu letzterem mengt man so lange eine bekannte Menge Cp_2O_3 zu, bis die Linien $LHf\beta_1$ und $LCp\beta_2$ dieselbe Intensität haben. Da empirisch festgestellt worden ist, daß bei einer Röhrenspannung von 20 000 Volt 2,6 mal soviel Cp_2O_3 als HfO_2 erforderlich ist, um die beiden obenerwähnten Linien in gleicher Intensität hervorzurufen, erhält man durch Division der zur Analysenprobe zugemengten Cp_2O_3-Menge durch 2,6 deren HfO_2-Gehalt. Die 2 Linien liegen auf der photographischen Platte, der Wellenlängendifferenz von nur 4 X - Einheiten entsprechend, nicht weiter als 0,16 mm voneinander entfernt, was einer Exponierung beider Linien unter vergleichbaren Verhältnissen und somit dem Intensitätsvergleich außerordentlich günstig ist. Abb. 17 zeigt die Photometerkurve einer nach der geschilderten Methode aufgenommenen Mineralanalyse. Das analysierte Mineral, ein amerikanischer Zirkon, hatte ein $ZrO_2 + HfO_2$ - Gehalt von 64,2%. Wie die Abbildung zeigt, enthält das Oxydgemisch, dem 5,2% CpO_2 zugemengt worden sind, 1,8% HfO_2, woraus für den Hafniumoxydgehalt des Minerals der Wert von 1,2% folgt.

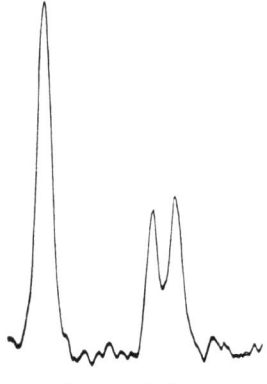

Abb. 17. Quantitative Röntgenanalyse durch Vergleich der Intensität der $HfL\beta_1$- und der $CpL\beta_2$-Linie.

Die geschilderte Methode, bei der das Oxyd auch durch andere glühbeständige Verbindungen, in erster Linie durch das Phosphat, ersetzt werden kann, eignet sich nicht zur Untersuchung hochprozentiger Hafniumpräparate. Hier bestimmt man vielmehr die Menge des vorhandenen Zirkoniums durch Beimengen von Y_2O_3 zum Präparat und durch Vergleich der Intensität der $YL\beta_1$- und der $ZrL\alpha_1$ - Linie. Es wurde empirisch festgestellt, daß man

---

[1]) Alle die älteren Mineralanalysen wurden nach der neuen Methode wiederholt und die Abhandlung des Verfassers in den Kopenhagener Ber. l. c. sowie in Chem. Rev. Bd. 2, S. 1. 1925 enthält nur nach dieser Methode bestimmte Mineralanalysen.

2,1 mal soviel Y_2O_3 als ZrO_2 zu verwenden hat, um eine gleiche Intensität der beiden Linien zu erreichen. Somit muß die der Analysenprobe beigemengte Y_2O_3-Menge durch 2,1 dividiert werden, um zu der in der Probe vorhandenen ZrO_2-Menge zu gelangen. Nach dieser Methode wurden von uns unter anderem die Präparate untersucht, die von HÖNIGSCHMID und ZINTL zur Atomgewichtsbestimmung des Hafniums verwendet worden sind[1]).

Die Hafniumbestimmung einer Alvitprobe ist ferner von GLOCKER und FROHNMEYER[2]) nach einer von ihnen ausgearbeiteten Methode ausgeführt worden, die auf der Messung des Absorptionssprunges beruht, der beim Durchleuchten der zu analysierenden Substanz mit Bremsstrahlung entsteht.

V. Das Vorkommen und die Häufigkeit des Hafniums.

Die Wahrnehmung, die bei der Entdeckung des Hafniums gemacht worden ist, nämlich daß Zirkonium stets von Hafnium begleitet wird, ist von späteren vom Verfasser und THAL JANTZEN ausgeführten Untersuchungen[3]), die sich auf die allermeisten Zirkonmineralien und auf eine große Anzahl Zirkonpräparate erstreckten, durchaus bestätigt worden. In keinem Falle fanden wir weniger als etwa $1/2\%$ Hafniumoxyd im untersuchten Zirkonoxyd, während im günstigsten Falle das Zirkonium von ungefähr der gleichen Hafniummenge begleitet war. Ein so hohes Hafnium-Zirkonium-Verhältnis ist aber nur in ganz seltenen Fällen beobachtet worden und dann auch nur in Mineralien, die einen nur geringen Zirkoniumgehalt aufweisen. Mineralien, in welchen das Hafnium der beherrschende Bestandteil wäre, konnten wir dagegen nicht finden. Den Gehalt an ZrO_2 und HfO_2 einiger Mineralien zeigt Tab. 19.

Ordnet man die Mineralien nach dem Vorschlag von V. M. GOLD-SCHMIDT in 2 Gruppen, nämlich in eine, die Produkte der alkalischen und eine, die Produkte der sauren Restkrystallisation enthält, so zeigt sich, wie das aus den Zahlen der Tab. 20 ersicht-

---
[1]) Vgl. HEVESY: Kopenhagener Akademie l. c. S. 83.
[2]) GLOCKER und FROHNMEYER: Ann. d. Phys. Bd. 76, S. 369. 1925.
[3]) HEVESY und JANTZEN: Naturwissenschaften Bd. 37, S. 729. 1924; HEVESY: Kopenhagener Akademie l. c. S. 18.

Tabelle 19.

Mineral	% ZrO₂	% HfO₂
Baddelleyt (Brasilien)	97,7	1,2
Favas (Schale)	59	0,5
Favas (Kern)	74	0,5
Zirkon (Frederiksvärn)	65,2	1,0
Zirkon (Brevik)	63,2	1,0
Zirkon (Ural)	—	0,5
Zirkon (Kanada)	—	1,2
Zirkon (Tasmania)	—	1,1
Zirkon (Miask)	64,2	1,1
Zirkon (Kärnten)	—	4 ?
Zirkon (Frankreich)	64,8	1,2
Zirkon (Vicenca)	—	0,8
Zirkon (Siam)	—	4 ?
Zirkon (Madagascar)	—	0,8
Zirkon (Ceylon)	—	2,7
Zirkon (Nord-Karolina)	—	2,1
Zirkon (Narsarsuk)	—	0,8
Zirkon (aus indischem Monazitsand)	64	1,2
Zirkon (aus brasilianischem Monazitsand)	64	0,4
Malakon (Hitterö)	65,2	2,6
Malakon (Madagaskar)	53,2	3,4
Alvit (Kragerö)	41,98	4,6
Cyrtolit (New York)	52,4	5,5
Naegit (Japan)	49,8	3,5
Elpidit (Narsarsuk)	20,3	0,2
Catapleit (Norwegen)	31,5	0,3
Eudialyt (Kangerdluarsuk)	14,3	0,17
Eudialyt (Kola)	—	0,1
Eucolit (Barkevik)	12,2	0,2
Rosenbuschit (Langesund)	19,8	0,3
Wöhlerit (Barkevik)	15,6	0,5
Zirkelit (Ceylon)	51,89	1
Polymignit (Frederiksvärn)	29,1	0,6
Pyrochlor	2,9	Spuren
Thortveitit (Iveland)	2	0,5
Thortveitit (Befanamo)	1,3	1,0

lich ist, eine Gruppe mit einem niedrigeren und eine mit einem höheren $\frac{HfO_2}{ZrO_2}$ -Verhältnis.

Das Mineral Zirkon findet sich sowohl als Produkt alkalischer wie saurer Restkrystallisation, im ersteren Falle beträgt das HfO_2/ZrO_2 -Verhältnis durchschnittlich etwa 0,015, im letzteren Falle etwas mehr. Malakon und Alvit, dessen hohen Hafniumgehalt GOLDSCHMIDT und THOMASSEN[1]) bereits kurz nach der Entdeckung des Hafniums festgestellt haben sowie der mit dem Alvit nahezu identische Cyrtolith sind Mineralien, die oft in metamiktem Zustande angetroffen werden. Sie zeichnen sich durch einen stets beträchtlichen, doch variablen Hafniumgehalt aus. Diese übrigens an Hafnium reichsten Minerale enthalten stets nicht unbedeutende Mengen von Uran oder Thorium und sind deshalb ziemlich stark radioaktiv, wodurch ein indirekter Zusammenhang zwischen hohem Hafniumgehalt und hoher Radioaktivität zustandekommt.

Tabelle 20.

Mineralien nephelinsyenitischen Ursprungs. (Produkte alkalischer Restkrystallisation)	$\dfrac{HfO_2}{ZrO_2}$	Mineralien granitischen Ursprungs. (Produkte sauerer Restkrystallisation)	$\dfrac{HfO_2}{ZrO_2}$
Favas	0,007	Naegit	0,07
Catapleit	0,01	Malakon	0,07
Eudialyt	0,01	Alvit	0,11
Elpidit	0,01	Cyrtolit	0,11
Baddeleyt	0,012	Thortveitit	0,5
Rosenbuschit	0,013		
Eucolit	0,02		
Polymignit	0,02		
Wöhlerit	0,03		

Bemerkenswert ist das hohe HfO_2/ZrO_2-Verhältnis im Thortveitit, einem sehr seltenem, in Norwegen und Madagaskar vorkommenden Mineral von ganz ungewöhnlicher Zusammensetzung. Der Hauptbestandteil dieses Minerals ist das Scandium. Die übrigen seltenen Erden, die in diesem Minerale enthalten sind, zeichnen sich durch eine starke Anreicherung der letzten Glieder der nach abnehmender Basizität geordneten seltenen Erden aus und durch eine verhältnismäßig sehr starke Anreicherung des seltenen Cassiopeiums gegenüber seinem Nachbarelement Ytterbium. Dieses Mineral konnte nur unter ganz ungewöhnlichen Krystallisationsverhältnissen entstehen und nur solche vermochten das in dem ursprünglich flüssig-gasförmigen Erdmaterial vorhandene Hf/Zr-Verhältnis wesentlich zu verschieben, während in den meisten Fällen, wie uns die Mineralanalysen zeigen, dieses Verhältnis

---

[1]) GOLDSCHMIDT und THOMASSEN: Norsk Geolog. Tidsskrift Bd. 7, S. 61. 1923.

infolge der großen chemischen Ähnlichkeit der beiden Elemente keine wesentliche Verschiebung erlitten hat. Die große geochemische Verwandtschaft zwischen Hafnium und Zirkonium tritt noch augenfälliger hervor, wenn wir daran erinnern, daß in Thoriummineralien kein Hafnium nachgewiesen werden konnte, und daß von 211 Analysen von Titanmineralien, die DOELTERS Handbuch enthält, nur in 10 Fällen Zirkon nachgewiesen wurde, daß also die geochemischen Vorgänge eine weitgehende Trennung der Homologen Titan-Zirkon, Hafnium-Thorium und Zirkonium-Thorium bewirkt haben. Wenn wir mit CLARKE und WASHINGTON den Zirkoniumgehalt der Silikathülle zu 0,028% annehmen und den durchschnittlichen Hafniumgehalt des Zirkoniums zu etwa 3% schätzen, so folgt, daß die Erdkruste zu etwa $1/100000$ aus Hafnium besteht, und daß die Häufigkeit des Hafniums von der gleichen Größenordnung ist wie die des Li, Cu, Ce, Co, B, Be. Schätzt man mit GOLDSCHMIDT[1]) den Zirkoniongehalt der ursprünglichen Mischung des gesamten Erdmaterials zu 0,003%, so folgt für den Hafniumgehalt des letzteren 0,0001%.

VI. Hafniumgehalt der Zirkoniumpräparate und Atomgewicht des Zirkoniums.

Die für das Atomgewicht des Zirkoniums in den Jahren 1825 bis 1898 nach nicht ganz einwandfreien Methoden gefundenen Werte führten dazu, das Atomgewicht zu 90,6 anzunehmen. 1917 bestimmten dann VENABLE und BELL das Atomgewicht des Zirkoniums nach einer modernen Methode und fanden dabei einen wesentlich höheren Wert, nämlich 91,76. Die beträchtliche Diskrepanz zwischen dem alten und dem neuen Werte konnte zunächst nicht erklärt werden. Erst die Entdeckung des Hafniums brachte die Erklärung[2]). Alle die verwendeten Zirkoniumpräparate enthielten zweifellos Hafnium, wie wir das an den Präparaten MARIGNACS, WEIBULLS und VENABLES auch experimentell feststellen konnten, und die Gegenwart des Hafniums wirkte in allen Fällen erhöhend auf das gefundene Atomgewicht; da aber die älteren Methoden nicht den richtigen, sondern einen zu niedrigen

---

[1]) GOLDSCHMIDT: Geochemische Verteilungsgesetze der Elemente I und II, OSLO, Akad. Ber. 1923 und 1924.
[2]) HEVESY: Kopenhagener Akad., Ber. l. c. S. 141.

Wert des Atomgewichtes vortäuschten, kompensierten sich die 2 Fehler zum Teil und ergaben einen, wenn auch zu niedrigen, so doch infolge der erwähnten Kompensation nicht sehr falschen Wert von etwa 90,6. VENABLE und BELL bedienten sich dagegen einer einwandfreien Methode, der Analyse des destillierten Tetrachlorids. Fehler, welche die Gegenwart des Hafniums in ihrem Präparate kompensieren konnten, waren hier nicht vorhanden, der Wert fiel deshalb zu hoch aus. Auf Grund der röntgenspektroskopischen Hafniumbestimmungen, die wir

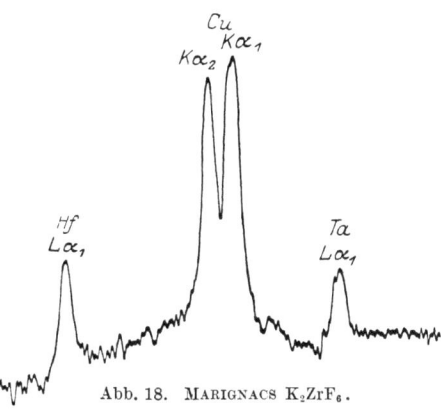

Abb. 18. MARIGNACS K_2ZrF_6.

an ihren Präparaten ausgeführt haben und die einen HfO_2-Gehalt von 0,7—1,0% ergaben, konnten VENABLE und BELL[1]) aus ihren Werten das Atomgewicht des Zirkoniums zu 91,3 berechnen. HÖNIGSCHMID, ZINTL und GONZALEZ[2]) bestimmten dann durch Analyse des Tetrabromids das Atomgewicht, wobei sie ein von uns nach der Doppelfluoridmethode vom Hafnium gänzlich gereinigtes Präparat verwendet haben. Sie fanden den Wert von 91,22, und derselbe Wert von 91,2 bis 91,4 ist auch von ASTON durch massenspektrographische Messungen festgestellt worden. Tab. 21 enthält die für das Atomgewicht des Zirkoniums gefundenen Werte.

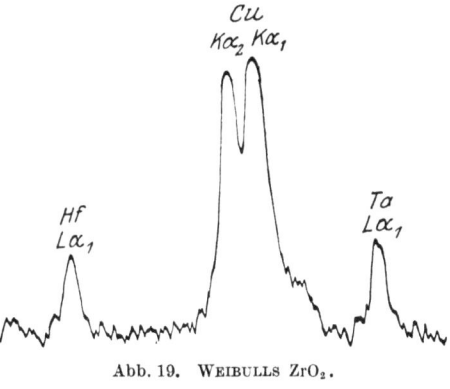

Abb. 19. WEIBULLS ZrO_2.

---

[1]) VENABLE u. BELL: Journ. of the Americ. chem. soc. Bd. 46, S. 1833. 1924.
[2]) HÖNIGSCHMID, ZINTL und GONZALEZ: Zeitschr. f. anorg. Chem. Bd. 139, S. 293. 1924.

Tabelle 21.

Jahr	Forscher	Verhältnis	Atomgewicht	% HfO$_2$
1825	Berzelius	Zr(SO$_4$)$_2$/ZrO$_2$	89,46	2,0 (?)
1844	Hermann	ZrCl$_4$/?	88,64	1,0 (?)
1844	Hermann	2 ZrOCl$_2$, 9 H$_2$O/?	89,98	1,0 (?)
1860	Marignac	K$_2$ZrF$_6$/K$_2$SO$_4$	90,03	0,5
1860	Marignac	K$_2$ZrF$_6$/ZrO$_2$	91,54	0,5
1881	Weibull	Zr(SO$_4$)$_2$/ZrO$_2$	89,54	2,0
1881	Weibull	Zr(SeO$_4$)$_2$/ZrO$_2$	90,79	2,0
1889	Bailey	Zr(SO$_4$)$_2$/ZrO$_2$	90,65	2,0 (?)
1898	Venable	ZrOCl$_2$, 3 H$_2$O/ZrO$_2$	90,81	1,0
1917	Venable und Bell	ZrCl$_4$/4Ag	91,76	0,7—1,0
1924	Hönigschmid	ZrBr$_4$/4Ag	91,22	0

Abb. 17 u. 19 zeigen Photometerkurven, aus welchen der Hafniumgehalt des von Marignac und von Weibull benützten Zirkoniums ersichtlich ist. Der Verfasser verdankt das Präparat Marignacs, das dieser Forscher seiner Zeit Weltzien geschenkt hatte, der Freundlichkeit des Herrn Prof. K. Freudenberg.

VII. Die außerordentliche Ähnlichkeit zwischen Zirkonium und Hafnium und ihre Erklärung.

1. Vergleich der Ähnlichkeit zwischen Zirkonium und Hafnium mit der anderer Elementenpaare[1]).

Die im vorigen Abschnitt besprochene außerordentlich große geochemische Ähnlichkeit zwischen Zirkonium und Hafnium läßt bereits den Schluß zu, daß, wenn wir von einigen Fällen, die wir im Gebiete der seltenen Erden treffen, absehen, die Ähnlichkeit zwischen Zirkonium und Hafnium ganz einzigartig im periodischen System dasteht. Die Betrachtung der Molekularvolumina, der Löslichkeiten und der Brechungsexponenten, über die vergleichbare Daten vorliegen, liefert weitere Beweise für die Richtigkeit dieser Behauptung. Die Molekularvolumina der Oxyde

Tabelle 22.

	Dichte	Mol.-Vol.
TiO$_2$	4,26	18,8
ZrO$_2$	5,73	21,5
HfO$_2$	9,68	21,7
ThO$_2$	10,22	25,8

[1]) Hevesy: Kopenhagener Akad. l. c. S. 51; Chem. Rev. l. c. S. 33.

Vergleich der Ähnlichkeit zwischen Zirkonium und Hafnium. 43

der Titangruppe sind aus der Tab. 22 sowie der Abb. 20 ersichtlich, man sieht, daß trotz der um 32 Einheiten größeren Atomnummer des Hafniums das Molekülvolumen des HfO_2 nur um etwa 1% größer ist als das des ZrO_2. Den Unterschied in den Molekularvolumina der Acetylacetonate zeigt Abb. 21.

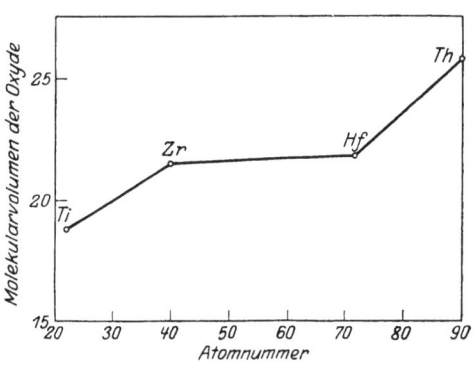

Abb. 20. Mol.-Vol. der Oxyde.

Den Löslichkeitsunterschied zwischen Kaliumhafniumfluorid und Kaliumzirkoniumfluorid können wir mit dem zwischen Kaliumtantalfluorid und Kaliumniobfluorid vergleichen; in beiden Fällen ist die Krystallisation der Doppelfluoride eine der allerbesten Trennungsmethoden. Wir finden im ersten Falle, wenn wir den günstigsten Fall, den der Hexafluoride betrachten, ein Löslichkeitsverhältnis von 1,6, während im letzteren Falle[1]) das Verhältnis sogar im ungünstigen Falle, bei Betrachtung der Löslichkeiten der Heptafluoride in 5 n HF, 5 beträgt.

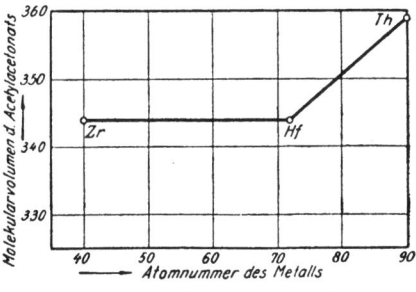

Abb. 21. Mol.-Vol. der Acetylacetonate.

Vergleichen wir die Brechungsexponenten, so finden wir zwischen dem der Hafniumdoppelfluoride und Zirkonfluoride einen Unterschied von etwa 0,005 (vgl. S. 21), während der Brechungsexponent von K_2NbF_7 um 0,022 größer ist als der des K_2TaF_7[2]). Der Vergleich mit der Ähnlichkeit korrespondierender Niob- und Tantalverbindungen scheint uns deshalb von Bedeutung zu sein,

---
[1]) RUFF und SCHILLING: Zeitschr. f. anorg. Chem. Bd. 72, S. 342. 1911.
[2]) Der Verfasser verdankt diese 2 Daten der großen Freundlichkeit des Herrn Prof. V. M. GOLDSCHMIDT, vgl. Kopenhagener Akad. l. c. S. 56.

44 Die außerordentliche Ähnlichkeit zwischen Zirkonium und Hafnium.

weil dieses Elementenpaar sich bereits durch eine sehr große Ähnlichkeit auszeichnet.

2. Vergleich der Eigenschaften des Hafniums mit denen der übrigen Elemente der fünften Periode.

Beim Übergang von den dreiwertigen seltenen Erden zum vierwertigen Hafnium tritt eine ganz wesentliche Änderung im Aufbau des Atoms und somit in den chemischen Eigenschaften seiner Verbindungen ein. Infolge Mangels an Daten über die Eigenschaften der letzten seltenen Erden können wir den Übergang zahlenmäßig nur für ganz wenige Eigenschaften, wie etwa für den Schmelzpunkt der Chloride, verfolgen, dessen Gang aus der Abb. 22 zu ersehen ist[1]). Man sieht, daß beim Übergang vom Element 71 zum Element 72 der Schmelzpunkt eine Erniedrigung von etwa 500° erleidet. Einen sehr bedeutenden Unterschied weisen auch die Siedepunkte der Chloride auf, was auf einen großen Unterschied in der „Heteropolarität" der Chloride der Elemente 71 und 72 hindeutet. Der wenig „heteropolare" Charakter des $HfCl_4$ äußert sich auch in seiner großen Tendenz zur Hydrolyse, während das $CpCl_3$ in Lösung kaum hydrolytisch gespalten ist, ferner ist das geschmolzene Hafniumchlorid vermutlich ein viel schlechterer Leiter als das $CpCl_3$, das, wie man aus den von BILTZ und KLEMM[2]) an anderen seltenen Erden ausgeführten Messungen schließen kann, ein guter elektrolytischer Leiter sein dürfte. Es sei noch auf den Unterschied der Zersetzungstemperaturen der Sulfate hingewiesen; während die Zersetzung des Cassio-

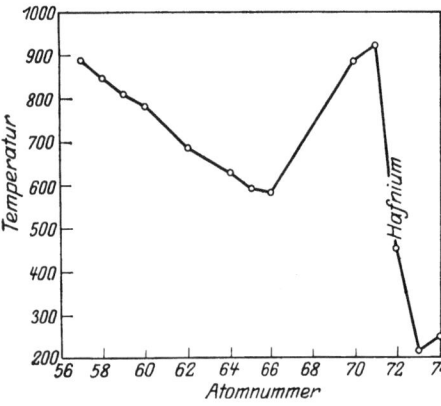

Abb. 22. Schmelzpunkt der Chloride.

---

[1]) HEVESY: Chem. Rev. l. c. S. 36; die Schmelzpunkte der Erdchloride sind von BOURION bestimmt.

[2]) BILTZ und KLEMM: Zeitschr. f. anorg. Chem. Bd. 110, S. 318. 1924; KLEMM und BILTZ, ebenda Bd. 152, S. 225. 1926.

peiumsulfats sehr hohe Temperaturen fordert, ist der Schwefelsäureverlust des Hafniumsulfats bereits bei 500° ein ganz beträchtlicher.

3. Erklärung der großen Ähnlichkeit zwischen Hafnium und Zirkonium.

Die Erforschung der Eigenschaften des Hafniums hat den Schluß, der kurz nach der Entdeckung des Elementes auf seine außerordentliche Ähnlichkeit mit dem Zirkonium gezogen wurde, wie wir gesehen haben, durchaus bestätigt. Eine Erklärung dieser Ähnlichkeit konnte aber erst 2 Jahre später gleichzeitig durch GOLDSCHMIDT, BARTH und LUNDE[1]) einerseits, den Verfasser[2]) andererseits gegeben werden. GOLDSCHMIDT und seine Mitarbeiter kamen im Laufe ihrer Untersuchung über die Gitterdimensionen usw. der Sesquioxyde zum selben Schluß, zu dem der Verfasser auf Grund atomtheoretischer Erwägungen, gestützt durch Messungen der Molekularvolumina der Octohydrosulfate der seltenen Erden, gelangt; nämlich, daß die außerordentlich große Ähnlichkeit des Hafniums und Zirkoniums eine unmittelbare Folge des Auftretens der dem Hafnium vorangehenden 14 seltenen Erdelemente sei. Wir wollen zunächst an die atomtheoretischen Überlegungen anknüpfen.

Schreitet man in den vertikalen Gruppen des periodischen Systems in der Richtung einer steigenden Atomnummer fort, so steigt die Hauptquantenzahl der Valenzelektronen, womit in den meisten Fällen eine Schwächung ihrer Bindung Hand in Hand geht. So ist das Valenzelektron des Caesiumatoms schwächer gebunden als das des Rubidiumatoms. Trotz der um 18 Einheiten größeren Kernladung und einer entsprechend größeren effektiven Kernladungszahl (Ordnungszahl verringert um eine die Abschirmung der COULOMBschen Anziehung messende Größe) ist das Valenzelektron des Caesiums doch schwächer gebunden als das des Rubidiums, da infolge des weiteren Abstandes des Valenzelektrons die erhöhte anziehende Kraft des Kernes sich nicht voll entfalten kann. Vergleichen wir das Verhalten des Bariums und Strontiums, oder des Lanthans und Yttriums, so finden wir einen

---

[1]) GOLDSCHMIDT, BARTH und LUNDE: Geochemische Verteilungsgesetze S. 5. OSLO, Akad. Ber. I, Nr. 7. 1925.
[2]) HEVESY: Zeitschr. f. anorg. Chem. Bd. 147, S. 217; Bd. 150, S. 68. 1925; vgl. auch v. STACKELBERG, Zeitschr. f. phys. Chem. Bd 118, S. 5, 342. 1925.

ganz analogen Fall, ja wir können diese Überlegung auch auf den Vergleich des vierwertigen Ceriums[1]) mit dem Zirkonium übertragen; die Verwandtschaft des dem Ce^{++++} analog gebauten Zr^{++++} ist eine ähnliche wie die zwischen den früher erwähnten Ionenpaaren und ist auch von ähnlicher Größe wie die zwischen Ce^{++++} und Th^{++++}. Wenn wir im periodischen System weiterschreiten, so folgen nach dem Cerium weitere 13 dem dreiwertigen Cerium analog gebaute, gleichfalls dreiwertige seltene Erdelemente, die sich bekanntlich, wie uns die BOHRsche Theorie gelehrt hat, dadurch auszeichnen, daß sie sich nur im Aufbau der inneren Elektronengruppen, nicht aber wie sonstige Nachbarelemente, in der Zahl der Valenzelektronen unterscheiden. In dieser Reihe steigt die Kernladung um insgesamt 13 Einheiten, ohne daß dabei die Entfernung der Valenzelektronen vom Kern sich nennenswert geändert hätte. Der Kern wird somit seine steigende Anziehung auf das Valenzelektron (und ähnlich auf die äußeren Elektronen des Ions) unkompensiert

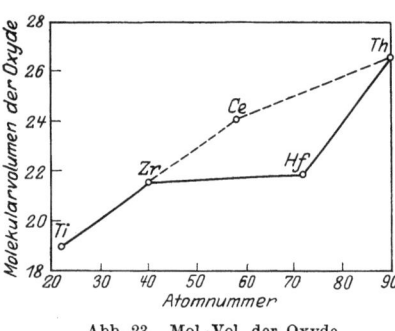

Abb. 23. Mol.-Vol der Oxyde.

fühlen lassen können, damit wird die Entwicklung in der Richtung Lanthan-Cassiopeium gerade entgegengesetzt wirken wie sie in der Richtung Y → La wirkt. Durch diese Entwicklung entsteht aus dem Lanthan das Yttrium-ähnlichere Cassiopeium und ganz analog aus dem Ce^{++++} das zirkoniumähnlichere Hf^{++++}. Nehmen wir rein fiktiv an, daß nach dem Cerium nicht 13, sondern 14

---

[1]) Das Ce^{++++} ist vom atomtheoretischen Standpunkt aus kein Ion der „seltenen Erden". Nach dieser Theorie werden die 14 Elemente der nach dem Lanthan kommenden Gruppe der „seltenen Erden" durch die Ausbildung von sukzessive 14 vierquantigen Elektronenbahnen charakterisiert. Im neutralen Ceriumatom und im Ce^{+++} ist ein 4_4quantiges, im Pr sind 2 usw. Elektronen vorhanden, während im Ce^{++++} überhaupt kein solches Elektron mehr vorhanden ist. Da leicht gebunden, läßt sich das 4_4-Elektron mit den üblichen chemischen Mitteln ohne Schwierigkeiten aus dem Ce^{+++} entfernen und so das „seltene Erde"-Ion Ce^{+++} in das dieser Gruppe fremde Ce^{++++} überführen. Naturgemäß gilt diese Bemerkung nicht mehr für das Pr^{++++}.

Erklärung der großen Ähnlichkeit zwischen Hafnium und Zirkonium. 47

seltene Erden kämen (was aus anderen Gründen nicht möglich ist), so würde das Hafnium dem Zirkonium noch ähnlicher sein, und wenn die Zahl noch größer wäre, würde das Hafnium bald Eigenschaften haben, die zwischen denen des Zirkoniums und Titans liegen würden. Zwischen Hafnium und Thorium dagegen ist ein Unterschied ähnlicher Größe vorhanden, wie etwa zwischen Ba und Sr, oder zwischen dem vierwertigen Cerium und Zirkonium, wie das auch aus der Abb. 23 hervorgeht. Daß die Bindungsstärke der Valenzelektronen in der Richtung La $\rightarrow$ Cp tatsächlich im obenerwähnten Sinne zunimmt, konnte durch Messung der Molekularvolumina der Octohydrosulfate gezeigt werden, wobei das Molekülvolumen isomorpher Verbindungen als Maß der Bindungsstärke der Valenzelektronen betrachtet worden ist.

Man kann, ohne speziell auf atomtheoretische Erklärungen zurückzugreifen, die Unterschiede der Molekülvolumen isomorpher Verbindungen als Maß der chemischen Ähnlichkeit der betreffenden Elemente ansehen. In der bereits erwähnten Untersuchung von GOLDSCHMIDT, BARTH und LUNDE wurde die Gitterkonstante der Sesquioxyde nebst der der Oxyde einer Anzahl anderer Elemente bestimmt und gezeigt, daß, während die Gitterkonstante beim Übergang vom Y $\rightarrow$ La um ungefähr 9% zunimmt, sie beim Übergang La $\rightarrow$ Cp um etwa 11% abnimmt. Demnach hat die Kontraktion La $\rightarrow$ Cp, die ,,Lanthanidenkontraktion'', wie es GOLDSCHMIDT und seine Mitarbeiter nennen, die Ausdehnung beim Übergang Y $\rightarrow$ La nicht nur kompensiert, sondern sogar überkompensiert. Die Gitterkonstante des Cp und somit auch seine chemischen Eigenschaften liegen zwischen denen des Yttriums und des Scandiums, und die Kenntnis der Ausdehnung beim Übergang Sc $\rightarrow$ Y, die von den genannten Verfassern ungefähr gleich 8% gefunden worden ist, läßt den Schluß zu, daß das Cassiopeium in seinem chemischen Verhalten etwa dreimal so nahe zum Yttrium als zum Scandium steht. Das Auftreten der ,,Lanthanidenkontraktion'' hat auch zur Folge, daß die Gitterdimensionen des Hafniums wesentlich kleiner und somit denen des Zirkoniums ähnlicher ausfallen müssen, als sie ohne sie ausgefallen wären, woraus dann die große Ähnlichkeit des Hafniums und Zirkoniums folgt.

Sachverzeichnis.

Acetylacetonat des Hafniums und Zirkoniums 24, 43.
Ähnlichkeit zwischen Hafnium und Zirkonium 42 ff.
Alvit 6, 39.
Ammoniumhexafluorid des Hafniums und Zirkoniums 4, 5, 18 ff.
Ammoniumheptafluorid des Hafniums und Zirkoniums 4, 5, 17 ff.
Ammoniumzirkoniumsulfat 6.
Analytische Chemie des Hafniums 34.
Analyse der Ammoniumdoppelfluoride des Hafniums und Zirkoniums 34, 35.
— des Hafniumbromids 14, 15, 34.
— mittels Röntgenspektroskopie 35 ff.
— von Hafnium-Zirkoniumgemisch durch Dichtebestimmung 35.
Atomgewicht des Hafniums 14, 15.
— des Zirkoniums 40 ff.
Atomvolumen des Hafniummetalls 15.

Bohrsche Theorie 2, 46, 47.
Brechungsindex der Doppelfluoride des Hafniums und Zirkoniums 21, 43.
— der Oxychloride des Hafniums und Zirkoniums 22.

Cyrtholit 39.

Destillation der Chloride des Hafniums und Zirkoniums 12.
Diffusion 12.
Dichte der Acetylacetonate des Hafniums und Zirkoniums 24.
— des Hafniummetalls 15.
— des Hafniumoxyds 16.
Doppelfluoride des Hafniums und Zirkoniums 3 ff., 17 ff.
— des Niobs und Tantals 43.

Doppeloxalate des Hafniums und Zirkoniums 7.
Doppelsulfate des Hafniums und Zirkoniums 6, 7.

Entdeckung des Hafniums 1.

Fällung, fraktionierte, des Phosphats 7 ff.
— — mit Basen 9, 10.
— — mit organischen Säuren 11.
— — mit Wasserstoffperoxyd 10.
Fällungsmethoden 7 ff.
Fluorphosphatozirkonsäure 6.
Fraktionierung durch Fällung 7 ff.
— durch Hydrolyse 10.
— durch Kristallisation 4 ff.
— durch partielle Zersetzung 11.
— durch Sublimation und Destillation 12.

Hafnium-acetylacetonat 24.
Hafniumgehalt der Erde 40.
— von Mineralien 38, 39.
— von Zirkoniumpräparaten 40 ff.
Hafnium-hydroxyd 16.
— -metall 15, 16.
— -oxychlorid 21, 22.
— -oxyd 16.
— -phosphat 22.
— -tetrabromid 14, 15, 34.
— -tetrachlorid 12.
Häufigkeit des Hafniums 37 ff.
Hydrolyse 10.

Ionenbeweglichkeit 12.

Kaliumdoppelfluoride des Hafniums und Zirkoniums 3 ff.
Kaliumzirkoniumsulfat 7.
Kristallisation, fraktionierte, des Ammoniumdoppelfluorids 4 ff.
— — des Doppeloxalats 7.
— — der Fluorophosphatozirkonsäure 6.

Sachverzeichnis.

Kristallisation, des Kaliumdoppelfluorids 3, 4.
— — des komplexen Oxalats 7.
— — des Oxychlorids 6.
Kristallisationsmethoden 4ff.
Kristallstruktur der Acetylacetonate des Hafniums und Zirkoniums 24.
— des Ammoniumhafniumheptafluorids 17.
K-Serie im Röntgenspektrum des Hafniums 25.

Lanthanidenkontraktion 47.
Löslichkeit der Ammoniumdoppelfluoride des Hafniums und Zirkoniums 18ff.
— der Kaliumdoppelfluoride des Hafniums und Zirkoniums 20.
— der Kaliumdoppelfluoride der Siliciumreihe 21.
— der Oxychloride des Hafniums und Zirkoniums 21, 22.
— der Phosphate des Hafniums und Zirkoniums 22, 23.
L-Serie im Röntgenspektrum des Hafniums 25.

Magnetische Susceptibilität des Hafniumoxyds 16.
Malakon 6, 39.
Metallisches Hafnium 15, 16.
— Zirkonium 16.
Mineralien, hafniumhaltige, 38, 39.
Modifikationen des Hafniumoxyds 16.
Molekularvolumen der Acetylacetonate des Hafniums und Zirkoniums 43.
— der Oxyde des Hafniums und Zirkoniums 42, 43.
M-Serie im Röntgenspektrum des Hafniums 26.

Optisches Spektrum des Hafniums 26ff.
Oxalate des Hafniums und Zirkoniums 7.

v. Hevesy, Hafnium.

Oxychloride des Hafniums und Zirkoniums 6, 21, 22.
Phosphate des Hafniums und Zirkoniums 7ff., 22.
Röntgenspektroskopische Analyse 3, 35ff.
Röntgenspektrum des Hafniums 24ff.

Schmelzpunkt der Acetylacetonate des Hafniums und Zirkoniums 24.
— der Chloride der seltenen Erden und des Hafniums 44.
— des Hafniumoxyds 16.
— des Zirkonoxyds 16.
Seltene Erden 3, 44ff.
Sublimation des Acetylacetonats 24.
— des Chlorids 12.

Thortveitit 39.
Trennung des Hafniums und Zirkoniums 3ff.
— durch Diffusion und Ionenbeweglichkeit 12.
— durch fraktionierte Fällung 7ff.
— durch fraktionierte Kristallisation 4ff.
— durch partielle Zersetzung 11.
— durch Sublimation und Destillation 12.

Vorkommen des Hafniums 37ff.

Zirkon (Mineral) 38.
Zirkonium-acetylacetonat 25.
Zirkoniumgehalt der Erde 40.
— von Mineralien 38.
Zirkonium-metall 16.
— -oxyd 16.
— -oxychlorid 21, 22.
— -phosphat 23, 24.
— -schwefelsäure 7.
— -tetrachlorid 12.
— -tetrachlorid-phosphorpentachlorid 12.
— -tetrachlorid-phosphoroxychlorid 12.

Verlag von Julius Springer in Berlin W 9

Die seltenen Erden vom Standpunkt des Atombaues

Von

Professor Dr. Georg v. Hevesy

Leiter des Chem.-Physikal. Instituts der Universität Freiburg i. Br.

Mit etwa 13 Abbildungen

("Struktur der Materie", herausgegeben von M. Born und J. Franck, Bd. V siehe auch unten)

Erscheint Anfang 1927

Probleme der Atomdynamik. Erster Teil: **Die Struktur des Atoms.** Zweiter Teil: **Die Gittertheorie des festen Zustandes.** Dreißig Vorlesungen, gehalten im Wintersemester 1925/26 am Massachusetts Institute of Technology. Von **Max Born,** Professor der Theoretischen Physik an der Universität Göttingen. Mit 42 Abbildungen und einer Tafel. VIII, 184 Seiten. 1926. RM 10.50; gebunden RM 12.—

Der Aufbau der Materie. Drei Aufsäze über moderne Atomistik und Elektronentheorie. Von **Max Born.** Zweite, verbesserte Auflage. Mit 37 Textabbildungen. VI, 86 Seiten. 1922.   RM 2.—

Struktur der Materie in Einzeldarstellungen. Herausgegeben von **M. Born,** Göttingen, und **J. Franck,** Göttingen.

I. **Zeemaneffekt und Multiplettstruktur der Spektrallinien.** Von Dr. **E. Back,** Privatdozent für Experimentalphysik in Tübingen, und Dr. **A. Landé,** a. o. Professor für Theoretische Physik in Tübingen. Mit 25 Textabbildungen und 2 Tafeln. XII, 214 Seiten. 1925.   RM 14.40; gebunden RM 15.90

II. **Vorlesungen über Atommechanik.** Von Dr. **Max Born,** Professor an der Universität Göttingen. Herausgegeben unter Mitwirkung von Dr. **Friedrich Hund,** Assistent am Physikalischen Institut Göttingen. Erster Band. Mit 43 Abbildungen. IX, 358 Seiten. 1925.   RM 15.—; gebunden RM 16.50

III. **Anregung von Quantensprüngen durch Stöße.** Von Dr. **J. Franck,** Professor an der Universität Göttingen, und Dr. **P. Jordan,** Assistent am Physikalischen Institut der Universität Göttingen. Mit 51 Abbildungen. VIII, 312 Seiten. 1926.   RM 19.50; gebunden RM 21.—

IV. **Linienspektren und periodisches System der Elemente.** Von Dr. **Friedrich Hund,** Privatdozent an der Universität Göttingen. Mit etwa 41 Textabbildungen und 2 Tafeln.   Erscheint Anfang 1927

Verlag von Julius Springer in Berlin W 9

Was lehrt uns die Radioaktivität über die Geschichte der Erde? Von Professor Dr. **O. Hahn**, II. Direktor des Kaiser-Wilhelm-Instituts für Chemie in Berlin-Dahlem. Mit 3 Abbildungen. VI, 64 Seiten. 1926. RM 3.—

Das Atom und die Bohrsche Theorie seines Baues. Von **H. A. Kramers**, Dozent am Institut für Theoretische Physik der Universität Kopenhagen und **Helge Holst**, Bibliothekar an der Königlichen Technischen Hochschule Kopenhagen. Deutsch von F. Arndt, Professor an der Universität Breslau. Mit 35 Abbildungen, 1 Bildnis und 1 farbigen Tafel. V, 192 Seiten. 1925.
RM 7.50; gebunden RM 8.70

Über den Bau der Atome. Von **Niels Bohr**. Dritte, unveränderte Auflage. Mit 9 Abbildungen. 60 Seiten. 1925. RM 1.80

Stereoskopbilder von Kristallgittern. Stereoscopic Drawings of Crystal Structures. Unter Mitarbeit von Cl. von Simson und E. Verständig herausgegeben von **M. von Laue** und **R. von Mises**, Professoren an der Universität Berlin. Erster Teil. Mit 24 Tafeln und 3 Textfiguren. (Deutscher und englischer Text.) 43 Seiten. 1926.
RM 15.—

Seriengesetze der Linienspektren. Gesammelt von **F. Paschen** und **R. Götze**. IV, 154 Seiten. 1922. Gebunden RM 11.—

Tabellen zur Röntgenspektralanalyse. Von **Paul Günther**, Assistent am Physikalisch-Chemischen Institut der Universität Berlin. 65 Seiten. 1924. RM 4.80

Tabelle der Hauptlinien der Linienspektra aller Elemente nach Wellenlänge geordnet. Von **H. Kayser**, Geheimer Regierungsrat, Professor der Physik an der Universität Bonn. VIII, 198 Seiten. 1926. Gebunden RM 24.—

Landolt-Börnstein, Physikalisch-chemische Tabellen. Fünfte, umgearbeitete und vermehrte Auflage. Unter Mitwirkung von Fachgelehrten herausgegeben von Dr. **Walter A. Roth**, Professor an der Technischen Hochschule in Braunschweig, und Dr. **Karl Scheel**, Professor an der Physikalisch-Technischen Reichsanstalt in Charlottenburg. Mit einem Bildnis. In zwei Bänden. XIX, 1695 Seiten. 1923.
Gebunden RM 106.—

MIX
Papier aus verantwortungsvollen Quellen
Paper from responsible sources
FSC® C105338

If you have any concerns about our products,
you can contact us on
ProductSafety@springernature.com

In case Publisher is established outside the EU,
the EU authorized representative is:
**Springer Nature Customer Service Center GmbH
Europaplatz 3, 69115 Heidelberg, Germany**

Printed by Libri Plureos GmbH
in Hamburg, Germany